"十二五"高职高专计算机规划教材·基础与实训系列

中文 Flash CS5 动画制作

操作教程

郭 丽 孙传庆 编

西北工业大学出版社

【内容简介】本书为"十二五"高职高专计算机规划教材。全书共分 12 章，主要内容包括 Flash 基础知识，Flash CS5 的工作环境，图形的绘制与色彩填充，对象的编辑，文本的输入与编辑，图层与帧的应用，元件、实例与库的应用，动画的制作，图像、声音与视频的导入，Flash 动画的后期处理，综合应用实例以及上机实训。第 1～10 章后附有本章小结及操作练习，使读者在学习时更加得心应手，做到学以致用。

　　本书可作为各大中专院校及动画设计培训班的 Flash 课程教材，也可作为动画爱好者的自学参考书。

图书在版编目（CIP）数据

中文 Flash CS5 动画制作操作教程/郭丽，孙传庆编 . 一西安：西北工业大学出版社，2013.4
"十二五"高职高专计算机规划教材·基础与实训系列
ISBN 978-7-5612-3671-0

Ⅰ．①中…　　Ⅱ．①郭…　②孙…　　Ⅲ．①动画制作软件—高等职业教育—教材
Ⅳ．①TP391.41

中国版本图书馆 CIP 数据核字（2013）第 089949 号

出版发行：西北工业大学出版社
通信地址：西安市友谊西路 127 号　　　邮编：710072
电　　话：（029）88493844　88491757
网　　址：www.nwpup.com
电子邮箱：computer@nwpup.com
印　刷　者：兴平市博闻印务有限公司
开　　本：787 mm×1 092 mm　1/16
印　　张：16
字　　数：423 千字
版　　次：2013 年 4 月第 1 版　　　2013 年 4 月第 1 次印刷
定　　价：32.00 元

出版者的话

高等职业教育是我国高等教育的重要组成部分，担负着为国家培养并输送生产、建设、管理、服务第一线高素质、技术应用型人才的重任。因此，我国近年来十分重视高等职业教育。

高等职业教育要做到面向地区经济建设和社会发展，适应就业市场的实际需要，真正办出特色，就必须按照自身规律组织教学体系。为了满足高等职业教育的实际需求，我们组织高等职业院校有丰富教学经验的教师，编写了"'十二五'高职高专计算机规划教材·基础与实训系列"教材。

本系列教材充分考虑了高等职业教育的培养目标、教学现状和发展方向，在编写中突出实用性，重点讲述在信息技术行业实践中不可缺少的基础知识，并结合实训加以介绍，大量具体操作步骤、众多实践应用技巧与切实可行的实训材料真正体现了高等职业教育自身的特点。

主要特色

⊙ 中文版本、易教易学

本系列教材选取市场上最普遍、最易掌握的应用软件的中文版本，突出"易教学、易操作"，结构合理、内容丰富、讲解清晰。

⊙ 内容全面、结构合理

本系列教材合理安排基础与实训的比例。基础知识以"必需，够用"为度，以培养学生的职业技能为主线来设计体例结构、内容和形式，符合高等职业学生的学习特点和认知规律；对实训操作过程的论述清晰简洁、通俗易懂、便于理解，通过相关软件的实际运用引导学生学以致用。

⊙ 图文并茂、实例典型

本系列教材图文并茂，便于读者学习和掌握所学内容，以行业应用实例带动知识点，诠释实际项目的设计理念，实例典型，切合实际应用。

⊙ 体现教与学的互动性

本系列教材从"教"与"学"的角度出发，重点体现教师和学生的互动交流。将精练的理论和实用的行业范例相结合，学生在课堂上就能掌握行业技术应用，做到理论和实践并重。

⊕ 突出职业应用，快速培养人才

本系列教材以培养计算机技能型人才为出发点，采用"基础知识+应用实例+综合应用实例+上机实训"的编写模式，内容生动，由浅入深，将知识点与实例紧密结合，便于读者学习掌握。

⊕ 具备前瞻性，与职业资格培训紧密结合

本系列教材的教学内容紧随技术和经济的发展而更新，及时将新知识、新技术、新工艺和新实训引入教材，同时注重吸收最新的教学理念，根据行业需求，使教材与相关的职业资格培训紧密结合。

⊕ 读者定位明确，与就业市场紧密结合

针对明确的读者定位，本系列教材涵盖了计算机基础知识及目前常用软件的操作方法和操作技巧，读者在学习后能够切实掌握实用的技能，做到放下书本就能上岗，真正具备就业本领。

读者对象

本系列教材是高等职业院校、高等技术院校、高等专科院校的计算机教材，适用于信息技术的相关专业，如计算机应用、计算机网络、信息管理、电子商务、计算机科学技术、会计电算化等，也可供优秀职高学校选作教材。对于那些要提高自己应用技能或参加一些职业资格考试的读者，本系列教材也不失为一套较好的参考书。

结束语

希望广大师生在使用教材的过程中提出宝贵意见，以便我们在今后的工作中不断地改进和完善，使本系列教材成为高等职业教育的精品教材。

前　言

Flash CS5 是 Adobe 公司推出的一款使用广泛、功能强大的动画制作软件，能将矢量图、位图、音频、动画和高级交互性有机地融合在一起，创建出美观、新奇、交互性强的动画。另外，Flash CS5 中的骨骼工具、反向运动以及 3D 绘图功能，使该软件功能有了质的飞跃，能够创作出极具吸引力的高效网页。

本书以"基础知识+应用实例+综合应用实例+上机实训"为主线，对 Flash CS5 软件进行循序渐进的讲解，使读者能快速、直观地了解和掌握 Flash CS5 的基本使用方法、操作技巧和行业实际应用，为步入职业生涯打下良好的基础。

本书内容

全书共分 12 章。其中，第 1 章主要对 Flash 的基础知识进行了介绍，包括 Flash 动画的特点及应用领域、Flash CS5 的安装与卸载以及 Flash CS5 的新增功能；第 2 章介绍了 Flash CS5 的工作环境，包括 Flash CS5 的工作界面及文档的基本操作方法；第 3 章介绍了图形的绘制与色彩填充，包括工具箱中各个工具的使用技巧；第 4 章介绍了对象的编辑，即对象的选取、移动、变形、排列与组合等；第 5 章介绍了文本的输入与编辑，即创建文本和设置文本属性的方法；第 6 章介绍了图层与帧的应用，即图层与帧的创建方法与编辑技巧；第 7 章介绍了元件、实例与库的应用；第 8 章介绍了动画的制作，即基本动画、交互式动画与快速动画的制作方法与技巧；第 9 章介绍了图像、声音与视频的导入，即为影片添加图像、声音以及视频的方法与技巧；第 10 章介绍了 Flash 动画的后期处理，即动画的优化、测试、导出与发布等；第 11 章列举了几个有代表性的综合实例，第 12 章是上机实训。通过理论联系实际，帮助读者举一反三、学以致用，进一步巩固所学的知识。

读者定位

本书结构合理，内容系统全面，讲解由浅入深，实例丰富实用，可作为各大中专院校及计算机培训班的计算机基础课程教材，同时也可作为计算机爱好者的自学参考书。

本书由兰州城市学院郭丽、孙传庆编写。笔者力求严谨细致，但由于水平有限，书中难免出现疏漏与不妥之处，敬请广大读者批评指正。

编　者

目　录

第 1 章　Flash 基础知识

Flash CS5 是 Adobe 公司最新的 Flash 动画制作软件，它相比之前的版本在功能上有了很多有效的改进及拓展，不仅可以通过文字、图片、视频、声音等综合手段展现动画意图，还可以通过强大的交互功能实现与动画观看者之间的互动，深受广大用户的青睐。

知识要点

- ⏩ 认识 Flash 动画
- ⏩ Flash CS5 的安装与卸载
- ⏩ Flash CS5 的新增功能

1.1　认识 Flash 动画

Flash 动画是目前非常流行的二维动画制作软件之一，它是矢量图编辑和动画创作的专业软件，能将矢量图、位图、音频、动画和深层的交互动作有机地、灵活地结合在一起，创建美观、新奇、交互性强的动画。

1.1.1　Flash 动画的特点

在开始进行 Flash 动画制作之前，我们先来了解一下 Flash 动画的特点，为以后提高学习兴趣奠定基础。Flash 动画的特点造就了它在网络中的流行，其具体特点主要表现在以下几个方面。

（1）使用流播放技术。该软件支持"流技术"下载，它代替了 GIF 和 AVI 等下载完成后再播放的传统下载方式，可以使用户一边下载一边播放，大大减少了用户的等待时间。

（2）体积小。在 Flash 动画中主要使用的是矢量图，从而使得其文件较小、效果好、图像细腻，而且对网络带宽要求低。

（3）交互性强。Flash 具有超强的交互功能，制作人员可以使用该软件内置的动作脚本给已制作好的动画文件或视频文件添加其他动画效果，以使该视频文件的内容更丰富多彩。

（4）丰富的绘图功能。比起 Adobe Photoshop，Illustrator 以及其他一些主要的专业级别设计工具，Flash "借用"了 Illustrator 和 After Effects®中的钢笔工具，可以对点和线进行贝塞尔曲线控制。使用智能形状制作工具以可视方式调整工作区上的形状属性，使用 Adobe Illustrator 所倡导的新的钢笔工具创建精确的矢量插图，从 Illustrator CS4 将插图粘贴到 Flash CS5 中。

（5）支持多种文件格式。该软件支持多种文件格式，即使是使用其他图形图像处理软件制作的图形和图像，也都可以导入到该软件中，进行编辑操作。

（6）支持导入音频。该软件支持音频文件的导入，用户可以在制作动画的过程中，导入其他音频文件，为制作的动画添加声音效果，以使动画更加生动。

（7）支持导入视频。用户可以将外部的视频文件（例如.AVI）导入到 Flash 作品中，来丰富动画的界面。

（8）支持跨平台动画播放。无论用户使用何种播放器或操作系统，都可以通过安装具有 Flash Player 插件的网页浏览器观看 Flash 作品。

（9）将动画转换为 Actionscript。即时将时间轴动画转换为可由开发人员轻松编辑、再次使用和利用的 ActionScript 3.0 代码。

（10）高级 QuickTime 导出。使用高级 QuickTime 导出器，将在 SWF 文件中发布的内容渲染为 QuickTime 视频。导出包含嵌套的 MovieClip 的内容和 ActionScript 3.0 生成的内容，以及运行时的效果（如模糊、投影等）。

（11）ActionScript 3.0 开发。使用新的 ActionScript 3.0 语言可以节省时间，该语言具有改进的性能、增强的灵活性及更加直观和结构化的开发特点。

（12）用户界面组件。使用新的、可轻松设置外观的界面组件为 ActionScript 3.0 创建交互式内容，使用绘图工具以可视方式修改组件的外观，而不需要进行编码。

1.1.2　Flash 动画的应用领域

随着电脑网络技术的发展和提高，Flash 不仅可以用于制作动画，还可以根据用户的实际需要在不同的领域中发挥作用。目前，Flash 主要应用于以下几个方面。

（1）网络广告。网络的一些特性决定了网络广告必须具有短小、表达能力强等特点，Flash 可以充分满足这些要求，同时其出众的特性也得到了广大用户的认同。因此，Flash 已成为网站广告动画的主要形式，如新浪、搜狐等大型门户网站都很大程度地使用了 Flash 动画。

（2）网络动画。Flash 具有强大的矢量绘图功能，可对视频、声音提供良好的支持，同时利用 Flash 制作的动画能以较小的容量在网络上进行发布，加上以流媒体形式进行播放，使 Flash 制作的网络动画深受闪客的喜爱。使用 Flash 制作的网络动画中，最具有代表性的作品主要有搞笑短片、MTV 和贺卡等。

（3）网站片头。为了使浏览者对自己的网站过目不忘，现在几乎所有的个人网站或设计类网站都有网站片头动画。

（4）网站导航。由于 Flash 能够响应鼠标单击、双击等事件，因此被用于制作具有独特风格的网站导航条。

（5）多媒体教学课件。Flash 除了在网络商业应用中被广泛采用，在教学领域也发挥着重要的作用，利用 Flash 还可以制作多媒体教学课件。

（6）在线游戏。利用 Flash 中的 ActionScript 编程，可以制作出小而有趣的游戏，配合 Flash 强大的交互功能，可以制作出丰富多彩的在线游戏。

1.1.3　Flash 动画的基本术语

要真正掌握并使用一个动画制作软件，不仅要掌握软件的操作，还需要掌握该软件所涉及的基本概念，如矢量图与位图、帧、层、元件与库、场景以及动画等。

1. 位图图像

位图图像也称为点阵图像，它使用无数的彩色网格拼成一幅图像，每个网格称为一个像素，每个像素都具有特定的位置和颜色值。

由于一般位图图像的像素非常多而且小，因此色彩和色调变化非常丰富，看起来是细腻的图像，但如果将位图图像放大到一定的比例,无论图像的具体内容是什么,所看到的都会像马赛克一样显示。

如图 1.1.1 所示的左图是以正常比例显示的一幅位图,将其中的某部分放大后,效果如右图所示。用户可以看到,图像是由一个个各种颜色的小方块拼出来的,这些小方块就是像素。

图 1.1.1　位图图像的不同显示比例

位图图像的缺点在于放大显示时比较粗糙,且图像文件比较大,它的特长在于表现颜色的细微层次。

2. 矢量图形

矢量图也可以称为向量式图像,它是一些由数学公式定义的线条和曲线,数学公式根据图像的几何特性来描绘图像。其文件所占的容量较小,也可以很容易地将其随意放大或缩小,而且不会失真,但矢量图不能描绘色调丰富的图像细节,绘制出的图形不是很逼真,同时也不易在不同的软件间交换文件。

如图 1.1.2 所示的左图是正常比例显示的矢量图,将其中的某部分放大后,效果如右图所示。可以看到放大后的图片依然很精细,并没有因为显示比例的改变而变得失真。

图 1.1.2　矢量图的不同显示比例

3. 场景

场景其实就是一段相对独立的动画播放场地,每个场景都可以是一段完整的动画序列。整个 Flash 动画可以由一个场景组成,也可以由几个场景组成。当整个动画有多个场景时,动画会按照场景的顺序进行播放。但是,如果在场景中使用了交互功能,可以改变播放顺序。

4. 动画

动画是根据人的视觉暂留原理创建的,即在人的眼睛看到一个对象后,图像会在短时间内停留在眼睛的视网膜上,不会马上消失。如果在一个对象还没有消失之前,另一个对象又呈现出来,就会形成一种连续变化的效果,从而形成动画。在 Flash 中,由于制作方法和生成原理的不同,可以将 Flash 动画分成逐帧动画和渐变动画,其功能将在后面章节中详细地进行介绍。

5. 元件、实例与库

元件也称符号或图符，是 Flash 动画的重要组成部分。元件的主要特性是可以被重复使用，且不会影响影片的大小。Flash 中的所有元件都被归纳在库面板中，可以被随时调用，即使在场景中将所有元件删除，也不会影响库面板中的元件。

Flash 中的元件包括 3 种类型：图形元件、影片剪辑元件和按钮元件。

元件的建立是以重复使用为目的的，不但可以将其应用于当前影片中，还可以将其应用于其他影片中。元件中可以包含位图、图形、声音甚至其他元件，但不可以将元件置于自身内部。

在 Flash 中创建的所有元件都会出现在库面板中，拖曳库面板中的元件到场景中，就可以反复利用元件，应用于影片的元件被称为"实例"。在工作区中选中实例，通过元件属性面板中的设置，可以改变实例的尺寸、颜色与元件类型，但这些改变是针对实例本身的，不会影响到库面板中的元件。

Flash 文档的库面板中存储了用户创建或导入的媒体资源。库是 Flash 组织、编辑和管理动画中创建和使用的各种元件的仓库。所有元件都会被自动载入到当前影片的库面板中，以便以后灵活调用。另外，还可以从其他影片的库面板中调用元件，或者根据需要建立自己的库。

6. 声音

在 Flash 动画中，声音是不可缺少的元素，通过声音可以逼真地模仿现实效果，传递更多的信息，增强动画的感染力。声音分为事件声音和音频流两种类型，其中，事件声音必须在完全下载之后才能开始播放，直到遇到明确的停止指令时停止；音频流可以一边下载一边播放。

7. 动作

动作是 ActionScript 脚本语言的灵魂和编程的核心，用于控制动画播放过程中相应的程序流程和播放状态，例如 stop，play，goto 等都是动作，分别用于控制动画的停止、播放、播放位置的转移等。

1.1.4 Flash 动画的制作流程

制作一个优秀的 Flash 作品，首先必须了解 Flash 动画制作的基本流程，其中每一个流程都会直接影响作品的质量。Flash 动画制作的基本流程大致可分为以下 6 个阶段：

1. 整体策划

在 Flash 中制作一个动画之前，应该对这个动画做好足够的分析工作，理清创作思路，拟定创作提纲。明确制作动画的目的，要制作什么样的动画，通过这个动画要达到什么样的效果，以及通过什么形式将它表现出来，同时还要考虑到不同观众的欣赏水平。做好动画的整体风格设计，突出动画的个性。

2. 搜集素材

搜集素材是完成动画策划之后的一项很重要的工作，素材的好坏决定着作品的效果。因此，在搜集素材时应注意有针对性、有目的性地搜集素材，最主要的是应根据动画策划时所拟定好的素材类型进行搜集。

3. 制作动画

Flash 动画作品制作环节中最关键的一步是制作动画，它是利用所搜集的动画素材表现动画策划中各个项目的具体实现手段。在这一环节中，应注意在每一步制作中都保持严谨的态度，对每个环节都应该认真地对待，使整个动画的质量得到统一。

4．调试动画

完成动画的制作之后，便可以进行动画的调试。调试动画主要是对动画的各个细节、动画片段的衔接、声音与动画之间的协调等进行局部的调整，使整个动画看起来更加流畅，在一定程度上保证动画作品的最终品质。

5．测试动画

测试动画是在动画发布之前，对动画效果、品质等进行的最后测试。由于播放 Flash 动画时是通过计算机对动画中的各个矢量图形及元件的实时运算来实现的，因此动画播放的效果很大程度上取决于计算机的配置。

6．发布作品

Flash 动画制作过程的最后一步是发布动画，用户可以对动画的生成格式、画质品质和声音效果等进行设置。在动画发布时的设置将最终影响到动画文件的格式、文件大小以及动画在网络中的传输速率。

1.2 Flash CS5 的安装与卸载

在使用 Flash CS5 制作动画之前，首先需要用户在电脑上安装 Flash CS5 软件，下面介绍在 Windows XP 操作系统下安装和卸载 Flash CS5 软件的方法。

1.2.1 Flash CS5 的硬件配置要求

在使用任意一个软件之前，都必须先将其安装到自己的计算机上，然后才能运行，在安装软件之前，需要先了解当前计算机的配置情况，然后再进行程序的安装。

（1）CPU：Intel Pentium 4，Intel Centrino，Intel Xeon 或 Intel Core Duo（或兼容）处理器。

（2）操作系统：Windows XP。

（3）内存：至少 512 MB 内存（建议使用 1 GB 内存）。

（4）硬盘可用空间：3.5 GB 的可用硬盘空间，且无法安装在基于闪存的设备上。

（5）显示器：1 024×768 分辨率以上的显示器（推荐 1 280×800），带有 16 位显卡。

（6）光驱：DVD-ROM 驱动器。

（7）其他配置：要有键盘、光驱和鼠标。对于有条件的用户，还可增添打印机、绘图仪、调制解调器等配置。

1.2.2 Flash CS5 的安装

Flash CS5 的安装界面和以前版本有所不同，下面就来介绍安装 Flash CS5 的操作步骤。

（1）将 Flash CS5 的压缩包解压到桌面上，然后双击 Flash CS5 的安装程序文件，会出现如图 1.2.1 所示的解压文件界面。

（2）解压完毕后，会弹出如图 1.2.2 所示的提示信息对话框。

图 1.2.1 "解压文件"界面

图 1.2.2 提示信息对话框

（3）单击 忽略并继续(I) 按钮，将进入 Flash CS5 "初始化安装程序"界面，如图 1.2.3 所示。

（4）数秒钟后，会出现"Adobe Flash CS5 - 欢迎使用"界面，如图 1.2.4 所示。

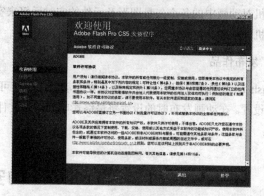

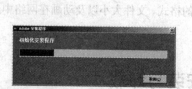

图 1.2.3 "初始化安装程序"界面

图 1.2.4 "Adobe Flash CS5 - 欢迎使用"界面

（5）单击 接受 按钮，进入"Adobe Flash CS5 请输入序列号"界面，如图 1.2.5 所示。

提示：如果不想正式使用此软件，可以不输入序列号而直接选中 安装此产品的试用版。单
选按钮。

（6）在"序列号"文本框中输入该软件的序列号，然后在 选择语言 下拉列表中选中
简体中文 选项，如图 1.2.6 所示。

图 1.2.5 "Adobe Flash CS5 - 请输入序列号"界面

图 1.2.6 输入序列号

（7）单击 下一步 按钮，进入如图 1.2.7 所示的"Adobe Flash CS5 - 输入 Adobe ID"界面。

（8）单击 下一步 按钮，进入如图 1.2.8 所示的"Adobe Flash CS5 - 安装选项"界面。

提示：单击 按钮，可以将 Adobe Flash CS5 安装到指定的文件夹中，在此将 Flash CS5
安装到 D 盘中。

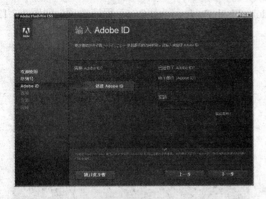

图 1.2.7　"Adobe Flash CS5 - 输入 Adobe ID"界面

图 1.2.8　"Adobe Flash CS5 - 安装选项"界面

（9）单击"**安装**"按钮，进入如图 1.2.9 所示的"Adobe Flash CS5 - 安装进度"界面。

（10）稍等片刻，进入 Adobe Flash CS5 安装完成界面，如图 1.2.10 所示。

图 1.2.9　"Adobe Flash CS5 - 安装进度"界面

图 1.2.10　安装完成界面

（11）单击"**完成**"按钮，即可完成 Flash CS5 软件的安装。

1.2.3　Flash CS5 的卸载

如果暂时不使用 Flash CS5，可以将其卸载，其卸载过程比较简单，具体操作步骤如下：

（1）选择"**开始**"→"**控制面板(C)**"命令，如图 1.2.11 所示。

（2）在打开的"控制面板"窗口中双击如图 1.2.12 所示的"添加或删除程序"图标。

图 1.2.11　选择命令

图 1.2.12　"添加或删除程序"窗口

（3）打开"添加或删除程序"窗口，选择"Adobe Flash Professional CS5"程序选项，如图 1.2.13 所示。

（4）单击 删除 按钮，进入"Adobe Flash CS5 - 卸载选项"界面，如图 1.2.14 所示。

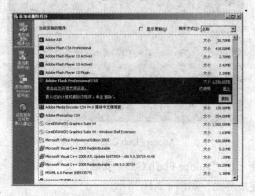

图 1.2.13 选择"Adobe Flash Professional CS5"程序选项　　　图 1.2.14 "Adobe Flash CS5 - 卸载选项"界面

（5）单击 卸载 按钮，进入"Adobe Flash CS5 - 卸载进度"界面，显示卸载的整体进度，如图 1.2.15 所示。

（6）最后进入"Adobe Flash CS5 - 卸载完成"界面，如图 1.2.16 所示。提示用户 Adobe Flash CS5 已成功卸载，单击 完成 按钮即可。

图 1.2.15 "Adobe Flash CS5 - 卸载进度"界面　　　图 1.2.16 "Adobe Flash CS5 - 卸载完成"界面

1.3　Flash CS5 的新增功能

为了适应网络时代人们对网页动画处理软件的需求，Flash CS5 在原有版本的基础上进行了诸多功能改进，下面进行具体介绍。

1. 基于 XML 的 FLA 源文件

Flash CS5 可以提供改进的基于 XML 的 FLA 源文件。凭借这项支持可以发展新的工作流程，而且可以在处理较大的 Flash 项目时拥有更大的灵活性。新的 FLA 文件是由一组 XML 文件和其他成分（JPEG，GIF，MP3，WAV 等文件）组成的，这些文件会被保存为压缩文件（*.fla）或者未压缩的文件夹（*.xfl）。开发小组可以在通过文件合作时更容易地使用源控制系统管理和修改 Flash 项目，因为可以直接访问 Flash 项目中的各个组成部分。例如，可以使用 Adobe Photoshop 编辑 Flash 项目中的组成部分，而该部分会立刻在 Flash CS5 的舞台上更新。

2．新增的动作面板

Flash CS5 通过改进的动作面板可以为广大用户提供更流畅的开发环境，这个面板支持自定义等级的代码提示和代码完成功能，还支持为库自动编写重要的语句。

3．新增的模板

Flash CS5 包含了一系列新的模板，使得在 Flash 中创建常见类型的项目更轻松，这些模板出现在"欢迎屏幕"和"新建文档"对话框中。

4．广泛的内容分发

Flash CS5 中含有一个专门处理 iPhone 预览内容的新软件包（它也是 Adobe AIR SDK 的一部分），通过它可以为苹果 iPhone 手机创建应用程序。随着 Adobe Flash Player 10.1 的发布，用户可以在移动设备上像在桌面上一样使用相同的 Flash Player 功能。这样设计者和开发者就可以使用 Flash CS5 创建可以跨桌面和移动平台发布的内容和应用程序。

5．TIF 文本引擎

网页和交互界面设计者都会欣赏 Flash CS5 中处理文本的新方式。使用 TLF 文本引擎大大增强了对文本属性和流的控制，既可以通过完整的排版控制设置和编辑文本，也可以实现高级的文本样式，如缩距、连字、调整字距和行间距。现在 Flash CS5 已经支持高级的文本布局控制，如螺旋形文本块、与多列交叉的文本流和内嵌图像，这样即可流畅、快捷地处理文本。

6．代码片段面板

在 Flash CS5 中，代码片段面板允许非程序员应用 ActionScript 3.0 代码进行常见交互。代码片段面板中含有实现常用功能的代码，如时间轴导航、动作、动画、音频、视频和事件处理程序，由于这些代码片段中包含了常用的注释和清晰的用法说明，使 Flash CS5 和 ActionScript 脚本的初学者可以缩短学习曲线并实现更高创意。高级用户可以利用代码片段的可扩展性通过插入和保存自定义代码片段，体现自己的编程风格或者创建特殊或常见的代码。

7．Deco 工具

Flash CS5 在 Deco 工具中添加了 10 个新脚本，使用它们可以轻松地绘制形状和应用高级动画效果。这些新增脚本包括 3D 刷子、建筑物刷子、装饰性刷子、火焰动画、火焰刷子、花刷子、闪电刷子、粒子系统、烟动画和树刷子。使用粒子系统可以通过大量的控件和属性创建雨、雾、烟、蒸汽等动态效果；使用 3D 刷子和建筑物刷子以及其他脚本可以比以前更容易地创建三维环境，更加快速地绘制出树木、灌木丛、花朵和蔓藤，从而在对象周围创建更加真实的环境。

8．骨骼工具

在 Flash CS5 中，借助为骨骼工具新增的动画属性，不论是创建旅游指示箭头、翱翔的鸟群还是机械装置内部运行的动画，都可以通过将物理引擎整合到反向运动（IK）系统中，快速地创建更好的、更真实的动画效果。

9．视频

在舞台上擦洗视频和更强大的提示点工作流程是 Flash CS5 中的关键改进，现在可以在舞台上直接擦洗和预览视频，从而促进对带有 Alpha 透明度视频的处理。

在舞台上选中视频对象后，就可以使用属性面板从视频中找到和添加（或删除）提示点，还可以通过增加或减少时间代码值设定时间。因为 Flash CS5 中包含了 Adobe Media Encoder，所以可以将任何视频文件转换为 FLV 或者 F4V 格式。

10. 与 Flash Catalyst 完美集成

Flash Catalyst CS5 已经到来，Flash Catalyst 可以将设计及开发快速结合起来，自然 Flash 可以与 Flash Catalyst 完美集成。在 Flash CS5 中，Adobe Photoshop，Illustrator，Fireworks 的文件可以在无需编写代码的情况下完成互动项目，更加提高工作效率。

11. 与 Flash Builder 完美集成

Flash CS5 可以轻松和 Flash Builder 进行完美集成。用户可以在 Flash 中完成创意，在 Flash Builder 完成 Actionscript 的编码，然后进行测试、调试并将其在 Flash 中发布。这两种工作流程都可以节省时间，而且它们一起提供了一个更加内聚的开发环境。

12. 社区帮助

社区帮助是 adobe.com 上的一个集成环境，可让用户访问由 Adobe 和行业专家修改过的社区生成内容，用户提供的意见和评分可帮助用户找到所需答案。通过在社区帮助中进行搜索，可以在网站上找到关于 Adobe 产品和技术的最佳内容。

本 章 小 结

本章主要介绍了 Flash 的基础知识，包括认识 Flash 动画、Flash CS5 的安装与卸载以及 Flash CS5 的新增功能等内容。通过本章的学习，读者应了解到 Flash CS5 的迷人魅力以及它在动画制作方面的广泛应用。

实 训 练 习

一、填空题

1. Flash 动画的特点造就了它在网络中的流行，其主要包括_____、_____、_____、_____、_____、_____和更具特色的视觉。

2. 随着电脑网络技术的发展和提高，Flash 软件的版本也在不断升级，性能逐渐提高，Flash CS5 主要应用于_____、_____、_____、_____、_____和_____6 个方面。

3. 在 Flash CS5 中，_____也称为点阵图像，它使用无数的彩色网格拼成一幅图像，每个网格称为一个像素，每个像素都具有特定的位置和颜色值。

4. 在 Flash CS5 中，_____是 ActionScript 脚本语言的灵魂和编程的核心，用于控制动画播放过程中相应的程序流程和播放状态。

5. Flash 动画制作的基本流程大致可分为_____、_____、_____、_____、_____和_____6 个阶段。

二、选择题

1．（　）是 ActionScript 脚本语言的灵魂和编程的核心。

　　（A）实例　　　　　　　　　　（B）动作

　　（C）库　　　　　　　　　　　（D）元件

2．（　）是整个 Flash 动画的核心，使用它可以组织和控制动画中的内容在特定的时间出现在画面上。

　　（A）帧　　　　　　　　　　　（B）图层

　　（C）元件　　　　　　　　　　（D）时间轴

3．在 Flash CS5 中，（　）允许非程序员应用 ActionScript 3.0 代码进行常见交互。

　　（A）信息面板　　　　　　　　（B）动作面板

　　（C）代码片段面板　　　　　　（D）时间轴面板

4．Flash CS5 包含了一系列新的（　），使得在 Flash 中创建常见类型的项目更轻松。

　　（A）模板　　　　　　　　　　（B）面板

　　（C）Deco 工具　　　　　　　　（D）视频

三、简答题

1．简述 Flash CS5 软件的特点及应用范围。

2．简述 Flash 动画制作的基本流程。

3．简述矢量图与位图的优缺点。

4．与以前版本相比，Flash CS5 新增了哪些功能？

四、上机操作题

1．熟悉 Flash CS5 的工作界面及其新增功能。

2．试着安装和卸载 Flash CS5 软件。

第 2 章 Flash CS5 的工作环境

在安装 Flash CS5 之后，接下来就要认识它的工作界面，了解它的基础操作，为以后的实际应用打下坚实的基础。本章主要介绍 Flash CS5 工作界面的组成及功能，文件的操作及舞台的设置等。

知识要点
- ⊕ Flash CS5 的工作界面
- ⊕ Flash CS5 的文档操作
- ⊕ 辅助工具的使用

2.1　Flash CS5 的工作界面

选择 开始 ▶ 所有程序(P) ▶ Fl Adobe Flash Professional CS5 命令启动 Flash CS5，打开其工作界面。Flash CS5 的工作界面与大多数工具软件的一样，最上方是标题栏和菜单栏，右侧和底部是工具箱和各种面板，如图 2.1.1 所示。

图 2.1.1　Flash CS5 的工作界面

2.1.1　工作界面简介

Flash CS5 的工作界面分为标题栏、菜单栏、时间轴面板、工具箱、舞台、工作区、面板等，下面将分别介绍各个界面的作用。

1．标题栏

标题栏位于工作界面的最上方，用于显示 Flash CS5 的程序图标 Fl 、 基本功能▼ 按钮、"最小化"按钮 、"最大化"按钮 （或"还原"按钮 ）和"关闭"按钮 。

单击 [基本功能 ▼] 按钮，可打开其下拉菜单，根据动画制作的需要可以从中选择多个布局，如图 2.1.2 所示；单击"最小化"按钮 [—]，可最小化 Flash 窗口；单击"最大化"按钮 [□]，可最大化 Flash 窗口；单击"还原"按钮 [⊡]，可将 Flash 窗口还原；单击"关闭"按钮 [X]，可将 Flash 窗口关闭。

2. 菜单栏

菜单栏位于标题栏的下方，它包含 [文件(F)]、[编辑(E)]、[视图(V)]、[插入(I)]、[修改(M)]、[文本(T)]、[命令(C)]、[控制(O)]、[调试(D)]、[窗口(W)] 和 [帮助(H)] 11 个菜单项。

与其他应用软件一样，Flash CS5 的菜单也遵循一定的规则，具体情况如下：

（1）在某些菜单命令后面将显示相应的快捷键，当需要执行某个命令时，可直接在键盘上按下快捷键进行操作，这样可避免反复打开菜单执行命令所带来的麻烦，以有效地节省时间。

（2）当菜单命令前面有"√"或"●"标记时，表示该命令已被选中，如图 2.1.3 所示。

（3）当菜单命令后面有黑三角符号时，表示该菜单命令还有下一级的子菜单，如图 2.1.4 所示。

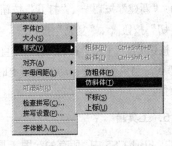

图 2.1.2　"基本功能"下拉菜单　　　图 2.1.3　选中"标尺"命令　　　图 2.1.4　"样式"命令的子菜单

（4）当某一菜单中的命令后带有 3 个小黑点时，表示在选择该命令后，将会弹出一个对话框。

（5）当菜单中的命令显示为灰色时，表示当前处于不可用状态；而当命令显示为黑色时，表示为可使用状态。

3. 编辑栏

编辑栏位于舞台和工作区的上方，显示了当前文档的名称和编辑状态，如图 2.1.5 所示。对各按钮和图标的功能说明如下：

图 2.1.5　编辑栏

（1） [未命名-1* ✕]：正在编辑的文档名称，如果打开多个 Flash 文档，在编辑栏中将以选项卡的形式显示文档名称。

（2）"返回上层"按钮 [　]：用于返回上层编辑窗口，当前为不可用状态。例如，在图 2.1.6 中该按钮显示为 [⇦]，单击该按钮将从"元件 1"的编辑窗口返回至"场景 1"的编辑窗口。

图 2.1.6　"元件 1"编辑栏

（3） [场景 1] 图标：用于直接返回至主场景。

（4）"编辑场景"按钮 [　]：单击该按钮，将弹出一个下拉菜单，在该菜单中包含了当前文档中的所有场景，选择其中的任意一项即可切换到该场景中。

（5）"编辑元件"按钮 ：单击该按钮，将弹出一个下拉菜单，在该菜单中包含了当前文档中的所有元件，选择任意一个元件即可进入它的编辑窗口。

（6） 100% 下拉列表：用于控制舞台中对象的显示比例，单击其后的 按钮，即可在弹出的下拉列表中指定比例。

4. 主工具栏

默认打开的工作界面中没有主工具栏，用户可选择菜单栏中的 窗口(W) → 工具栏(O) → 主工具栏(M) 命令，打开主工具栏，如图 2.1.7 所示。

图 2.1.7 Flash CS5 的主工具栏

主工具栏主要完成对动画文件的基本操作以及一些基本的图形控制操作。主工具栏中的按钮依次分为："新建"按钮 、"打开"按钮 、"转到 Bridge"按扭 、"保存"按钮 、"打印"按钮 、"剪切"按钮 、"复制"按钮 、"粘贴"按钮 、"撤销"按钮 、"重做"按钮 、"贴紧至对象"按钮 、"平滑"按钮 、"伸直"按钮 、"旋转与倾斜"按钮 、"缩放"按钮 以及"对齐"按钮 。当鼠标指针移动到按钮上时，会显示其相应的中文名称，单击选中的按钮，即可执行相应的操作。

5. 工具箱

在 Flash CS5 中，所有的绘图工具都集成在工具箱中，用户可以使用它们对图像或选区进行操作。若工作界面中无工具箱，可以选择菜单栏中的 窗口(W) → 工具(K) 命令将其打开，如图 2.1.8 所示。单击工具箱上方的 按钮，可将工具箱折叠为一个图标，再次单击即可将其展开。

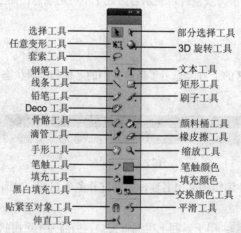

图 2.1.8 Flash CS5 的工具箱

6. 时间轴面板

时间轴面板位于窗口的最下方，主要用于创建动画和控制动画的播放等操作。时间轴面板分为左右两部分，左侧为图层操作区；右侧为时间线操作区，由播放指针、帧、时间轴标尺以及状态栏组成，如图 2.1.9 所示。

在图层操作区中，可以隐藏、显示、锁定或解锁图层，并能将图层内容显示为轮廓，还可以将时间线操作区中的帧拖曳至同一图层中的不同位置，或是拖曳到不同的图层中。

单击时间轴面板右上方的 ▤ 按钮，即可打开如图 2.1.10 所示的时间轴样式选项，使用这些选项可以对时间轴进行调整。其中， 很小 、 小 、 标准 、 中 、 大 选项用于改变帧的宽度； 预览 选项的功能是在帧格里以非正常比例预览本帧的动画内容，这对于在大型动画中寻找某一帧内容是非常有用的； 关联预览 选项与 预览 选项的功能类似，只是将场景中的内容严格按照比例缩放到帧当中显示； 较短 选项用于改变帧格的高度； 彩色显示帧 选项用于打开或关闭彩色帧。

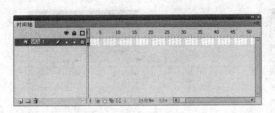

图 2.1.9　时间轴面板　　　　　　　　　　图 2.1.10　时间轴样式选项

7．舞台和工作区

舞台是 Flash CS5 工作界面中间的矩形区域，用于放置矢量图、文本框、按钮、位图或视频剪辑等内容。舞台的大小相当于用户定义的 Flash 文件的大小，用户可以缩放舞台视图，或者打开网格、辅助线、标尺等辅助工具，以便于进行设计。在使用 Flash Player（Flash 动画的播放器）播放时，舞台中的内容将予以显示，如图 2.1.11 所示。

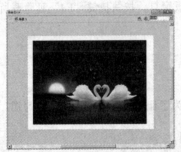

图 2.1.11　舞台中的内容在播放时予以显示

工作区是舞台周围的灰色区域，用于存放在创作时需要，但不希望出现在最终作品中的内容。在使用 Flash Player 播放时，工作区中的内容将不予显示，如图 2.1.12 所示。

图 2.1.12　工作区中的内容在播放时不予显示

8．属性面板

在 Flash CS5 中，在工作界面的右侧提供了属性面板这一组件，其中的内容将随着用户正在使用的工具或资源发生变化，使用属性面板可以很容易地访问舞台或时间轴上当前选定项的最常用属性，从而简化了文档的创建过程。用户也可以在属性面板中更改对象或文档的属性，而无须再访问包含这些功能的菜单或面板。

　　属性面板内显示的内容取决于当前选定的内容，当未选择任何内容时，属性面板中将会显示当前文档的属性；在选择某项内容后，属性面板中将可能显示文本、元件、形状、位图、视频、组、帧或工具的信息和设置等，如图 2.1.13 所示；当选取两个或多个不同类型的对象时，属性面板中将会显示所选对象的总数，如图 2.1.14 所示。

图 2.1.13　选取"线条工具"后的属性面板　　　　图 2.1.14　选取"多个不同类型的对象"后的属性面板

　　提示：在 Flash CS5 的工作界面中，通过"窗口"菜单选择相应的面板命令，即可打开相应面板窗口；单击面板标题上的 ■ 按钮可关闭面板窗口；按快捷键"F4"可隐藏所有面板，再次按快捷键"F4"即可显示所有面板。

2.1.2　自定义工作界面

　　如图 2.1.1 所示为 Flash CS5 的默认工作界面，为了让它更符合个人的工作习惯，用户可以对其进行自定义，例如自定义工具箱和面板等。

1．自定义工具箱

　　在默认情况下，工具箱嵌入在工作界面的右侧，并以长单条状态显示，如果用户不习惯工具箱的默认显示形式，可以将鼠标放在工具箱的边界线上，当鼠标变为 ↔ 形状时，拖曳工具箱的边界线即可将其转换为短双条形式。也可以拖曳工具箱上方的浅灰色区域到任意位置，当出现一条蓝色的线条时释放鼠标，可将工具箱组合到其他面板中，如图 2.1.15 所示。

图 2.1.15　将工具箱组合到其他面板中

单击工具箱上方的"折叠为图标"按钮，即可将整个工具箱转换为一个图标形式，如图 2.1.16 所示。单击图标，可以打开其子菜单，从中选择需要使用的工具，如图 2.1.17 所示。

图 2.1.16　工具箱的图标形式　　　　　图 2.1.17　工具箱图标的子菜单

2．自定义堆叠与浮动面板

在 Flash CS5 的工作界面中，可以任意堆叠与浮动面板。在单个面板标题上单击并按住鼠标左键，拖动单个面板到面板组中即可堆叠面板，如图 2.1.18 所示。在堆叠面板中单击一个面板标题并按住鼠标左键，拖动到任意位置后释放鼠标，即可形成浮动面板，如图 2.1.19 所示。

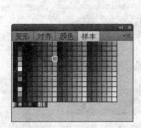

图 2.1.18　堆叠面板　　　　　　　图 2.1.19　浮动面板

2.2　Flash CS5 的文档操作

在 Flash CS5 中有两种文档：一种是以.swf 为后缀名的动画文件；另一种是以.fla 为后缀名的源文件。文档操作是动画制作的基本操作，包括新建、打开、保存和导出文件等。

2.2.1　新建文档

所谓新建文档，是指创建以.fla 为后缀名的、可直接打开编辑的源文档，一般有以下两种创建文档的方法。

（1）创建常规文档。启动 Flash CS5 应用程序后，首先打开如图 2.2.1 所示的开始页面，在该页面中的"新建"区中单击某个选项，即可新建一个 Flash CS5 文档。如果需要重新创建一个文档，可以选择菜单栏中的 文件(F) → 新建(N)… 命令，在弹出的"新建文档"对话框中选择合适的类型，如图 2.2.2 所示。

（2）创建模板文档。Flash CS5 中自带了大量的模板，用户可通过直接调用模板，快速创建 Flash 文档。

1）在开始页面中选择 动画 选项，即可弹出如图 2.2.3 所示的"从模板新建"对话框，在该

对话框左侧的 模板(T): 列表框中可以选择一种模板，单击 确定 按钮即可新建一个基于模板的 Flash CS5 文档。

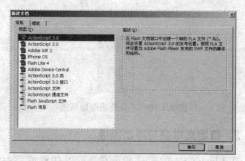

图 2.2.1 Flash CS5 的开始页面　　　　　　　　图 2.2.2 "新建文档"对话框

2）在 类型(T): 选项组中可以选择文档的类型，在 模板(T): 选项组中可以选择文档的样式，如图 2.2.4 所示为选择 补间动画的动画遮罩层 选项后新建的 Flash 文档。

图 2.2.3 "从模板新建"对话框　　　　　　　　图 2.2.4 新建的 Flash 文档

 提示：单击主工具栏中的"新建"按钮 □ 或按"Ctrl+N"键，可直接创建 Flash 文档。

2.2.2 保存文档

在用户制作好动画文档后，必须将文档保存起来，以备再次调入使用。在 Flash 中，用户不仅可以将文档保存为一般的 Flash 文档，而且可以将其保存为压缩的 Flash 文档和模板。

（1）使用"保存"命令。选择菜单栏中的 文件(F) → 保存(S) 命令，弹出"另存为"对话框，如图 2.2.5 所示。在 保存在(I): 下拉列表中可以选择文档的保存路径；在 文件名(N): 下拉列表中可以输入要保存文档的名称；在 文件类型(T): 下拉列表中可以选择文档的保存类型，单击 保存(S) 按钮，即可将文档保存在指定的文件夹中。

 提示：如果在退出 Flash CS5 时未保存当前文档，此时会弹出如图 2.2.6 所示的提示框，提示用户是否保存该文档的更改。单击 是 按钮保存更改并关闭该文档；单击 否 按钮关闭该文档，不保存文档的更改；单击 取消 按钮，放弃文档的更改并退出程序。

图 2.2.5　"另存为"对话框　　　　　　图 2.2.6　"是否保存文档"提示框

（2）使用"另存为模板"命令。选择菜单栏中的 文件(F) → 另存为模板(T)... 命令，弹出"另存为模板"对话框，如图 2.2.7 所示。在 名称(N): 文本框中可以输入模板的名称；在 类别(C): 下拉列表中可以选择一个模板类别；在 描述(D): 文本框中可以输入对模板的说明（见图 2.2.8），然后单击 保存(S) 按钮即可。

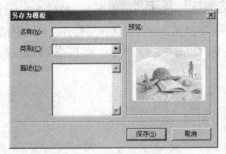

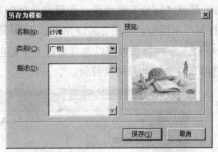

图 2.2.7　"另存为模板"对话框　　　　　图 2.2.8　输入模板信息

技巧：用户可以单击常用工具栏中的"保存"按钮 ，快速保存文档。

（3）使用"另存为"命令。如果要将以前保存的文档打开重新进行编辑修改而不将原文档覆盖，可以在编辑完成后，选择菜单栏中的 文件(F) → 另存为(A)... 命令，在弹出的"另存为"对话框中修改文档的保存路径或文件名，重新保存该文档或为该文档创建备份。

（4）将文档保存为 Flash CS4 文档。使用 Flash CS5 软件完成动画的制作后，用户可以将其保存为 Flash CS4 文档。选择菜单栏中的 文件(F) → 保存(S) 命令，或选择 文件(F) → 另存为(A)... 命令，在弹出的"另存为"对话框中的 文件类型(T): 下拉列表框中选择 Flash CS4 文档 (*.fla) 选项，如图 2.2.9 所示。单击 保存(S) 按钮即可将 Flash CS5 文档保存为 Flash CS4 文档。

注意：如果在将 Flash CS5 文档保存为 Flash CS4 文档的过程中弹出如图 2.2.10 所示的提示框，此时单击 另存为 Flash CS4 按钮即可保存。

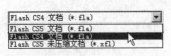

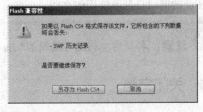

图 2.2.9　选择 Flash CS5 文档选项　　　图 2.2.10　"是否另存为 Flash CS4"提示框

当对保存过的 Flash 文档进行修改时，会激活 Flash CS5 中的 还原(H) 命令，选择菜单栏中的文件(F) → 还原(H) 命令，弹出如图 2.2.11 所示的"是否还原"提示框，提示用户如果进行此操作，将无法撤销。

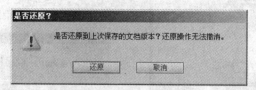

图 2.2.11 "是否还原"提示框

2.2.3 打开文档

启动 Flash CS5 应用程序后，用户可以通过以下 3 种方法打开以前保存过的文档，其具体操作介绍如下：

（1）通过"打开"对话框。选择菜单栏中的 文件(F) → 打开(O)... 命令，或按"Ctrl+O"键，弹出"打开"对话框，如图 2.2.12 所示。在 查找范围(I): 下拉列表中可以选择要打开文档的存储路径；在 文件类型(T): 下拉列表中可以选择要打开文档的类型，如图 2.2.13 所示。单击 打开(O) 按钮，或双击选中的 Flash 文档即可将其打开。

图 2.2.12 "打开"对话框

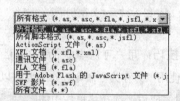

图 2.2.13 文件类型下拉列表

技巧：在弹出的"打开"对话框中按住"Ctrl"键的同时，单击多个需要打开的 Flash 文档，可以一次打开多个 Flash 文档。

（2）通过打开最近的项目。如果用户要打开最近使用过的文档，可选择菜单栏中的 文件(F) → 打开最近的文件(F) 命令，在弹出的子菜单中选择需要打开的文档名称即可。

（3）通过复制窗口。在制作动画的过程中，如果要使用某个 Flash 文档而又不影响源文档，可以通过复制此窗口，然后在新的窗口中进行编辑修改。选择菜单栏中的 窗口(W) → 直接复制窗口(F) 命令，即可在新的窗口打开要使用的文档。

注意：打开的文档是可编辑的*.fla 文件，而不是*.swf 文件。

2.2.4 关闭文档

保存动画文档后，若不再需要对 Flash CS5 文档进行编辑，可关闭该动画文档。关闭文档的方法有以下 4 种：

（1）选择菜单栏中的 文件(F) → 关闭(C) 命令，可将目前正在编辑的文档关闭。

（2）单击工作窗口右上方的"关闭"按钮 ✕，可快速关闭目前正在编辑的文档。

（3）按"Ctrl+W"快捷键，可快速关闭目前正在编辑的文档。

（4）按"Alt+F4"快捷键，也可快速关闭目前正在编辑的文档。

注意：选择菜单栏中的 文件(F) → 全部关闭 命令，或按"Ctrl+Alt+W"键，可同时关闭打开的全部文档。

如果没有保存就进行关闭操作，系统会弹出"Adobe Flash CS5"提示框，询问用户是否对文件的修改进行保存，单击 是 按钮可以保存对文件的修改；单击 否 按钮将放弃保存对文件的修改；单击 取消 按钮则取消关闭操作。

2.2.5　测试文档

制作完动画后，可以按"Enter"键，在工作区内测试 Flash 文档，以预览动画效果；按"Ctrl+Enter"键，可以在 Flash 播放器中测试 Flash 文档，如图 2.2.14 所示。

在工作区内测试 Flash 文档　　　　　　　播放窗口内测试 Flash 文档

图 2.2.14　播放 Flash 文档效果

2.2.6　设置文档属性

在用户创建好 Flash 文档后，经常会根据创作要求设置文档的大小、背景颜色、帧频等参数，以下将分别介绍设置这些参数的方法。

1. 设置文档大小

Flash CS5 中默认的文档大小为"550×400"像素，如果要调整文档的大小，可通过以下两种方法进行调整。

（1）选择菜单栏中的 修改(M) → 文档(D)... 命令，弹出"文档设置"对话框，如图 2.2.15 所示。用户可以在 尺寸(I) 文本框中输入数值，设置文档的大小，在 标尺单位(R): 下拉列表中设置标尺的单位。另外，在"文档设置"对话框中如果要将舞台大小设置为最大可用打印区域，可选中 匹配: 右侧的 ◉ 打印机(P) 单选按钮；如果要恢复至其默认的文档大小，可选中 匹配: 右侧的 ◉ 默认(E) 单选按钮。

（2）按"Ctrl+F3"快捷键，可打开如图 2.2.16 所示的属性面板，用户可在该面板的 **∨ 属性** 区域单击 **编辑…** 按钮，在弹出的"文档设置"对话框中设置文档的大小，并且文档的最小尺寸可设置为"18×18 像素"，最大尺寸可设置为"2 800×2 800 像素"。

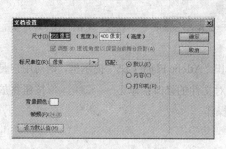

图 2.2.15　"文档设置"对话框　　　　　　图 2.2.16　属性面板

2．设置背景颜色

Flash CS5 中默认的文档背景颜色为"白色"。如果要调整文档的背景颜色，可通过以下两种方法进行设置。

（1）选择菜单栏中的 **修改(M)** → **文档(D)…** 命令，弹出"文档设置"对话框，单击 **背景颜色：** 右侧的色块 □，打开颜色调板，用户可使用鼠标单击色块，选中相应的颜色作为文件的背景颜色。

（2）单击属性面板中 **舞台：** 右侧的 □ 色块，在打开的颜色面板中选择合适的背景颜色。

3．设置帧频

帧频即动画的播放速率，它是以每秒钟所播放的帧数来计算的。若要设置帧频，在 **帧频(F)** 文本框中输入一个数值即可。

注意：帧频如果设置得过小，则帧序列之间的停顿就会太大，最终的动画效果会出现一走一停的情况；帧频如果设置得过大，则帧序列之间的停顿就会太小，最终的动画效果会因为太快而变得模糊不清，因此在设置帧频时，应根据其应用场合而定。

2.3　辅助工具的使用

Flash CS5 提供了许多好用的辅助工具，包括手形工具、缩放工具、标尺、辅助线和网格等，用户可以根据需要进行设置，以使创作更加得心应手。

2.3.1　缩放工具

缩放工具用于缩放舞台及舞台中的内容，操作步骤如下：

（1）选择工具箱中的缩放工具 🔍，在选项栏中将显示该工具的两个附加选项："放大"按钮 🔍和"缩小"按钮 🔍。

（2）根据需要选择"放大"按钮 🔍 或"缩小"按钮 🔍，在默认情况下，"放大"按钮 🔍处于选中状态。

技巧：在使用缩放工具![放大镜]放大舞台后，若想缩小舞台，按住 "Alt" 键，在鼠标变为![缩小镜]形状后单击舞台即可。

　　（3）将鼠标指针移至舞台上，然后单击鼠标左键即可成倍缩放舞台及舞台中的内容，如图 2.3.1 所示。

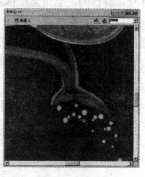

原图　　　　　　　　　　缩小一倍　　　　　　　　　　放大一倍

图 **2.3.1**　使用缩放工具缩放舞台及舞台中的内容

2.3.2　手形工具

手形工具用于移动舞台及舞台中的内容，其具体操作步骤如下：
　　（1）选择工具箱中的手形工具![手形工具]。
　　（2）将鼠标指针移至舞台上，然后按住并拖动鼠标即可。

技巧：在编辑 Flash 动画时，如果要将整个舞台居中并全部显示在场景中，可直接双击"手形工具"按钮![手形工具]。

　　手形工具操作的结果是将舞台及舞台中的内容相对于场景窗口进行整体移动，但并不改变舞台中内容的相对位置，如图 2.3.2 所示。

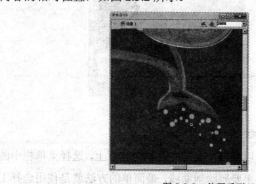

图 **2.3.2**　使用手形工具移动舞台及舞台中的内容

技巧：在使用其他工具绘图时，可按"空格"键快速切换到手形工具移动舞台，释放"空格"键后会切换到以前使用的工具，利用此方法可加快绘图的速度。

2.3.3 标尺

标尺能帮助用户大致计算出对象的大小，还能精确地了解对象的位置，从而有利于整个动画的统筹规划。选择菜单栏中的 视图(V) → 标尺(R) 命令，或者在舞台空白处单击鼠标右键，在弹出的快捷菜单中选择 标尺(R) 命令，可以显示标尺（见图 2.3.3），再次选择即可将其隐藏。

标尺以舞台的左上角为坐标原点，有水平和垂直两个方向上的标尺。其中，水平标尺以 X 轴向右方向坐标为正，垂直标尺以 Y 轴向下方向坐标为正。在默认情况下，标尺使用的单位是像素，如果要修改单位，其具体操作步骤如下：

（1）选择菜单栏中的 修改(M) → 文档(D)... 命令，弹出"文档属性"对话框。

（2）在 标尺单位(R): 下拉列表中选择其他单位，例如选择"厘米"选项。

（3）单击 确定 按钮应用设置，如图 2.3.4 所示。

图 2.3.3　显示标尺　　　　　　　图 2.3.4　设置标尺单位为厘米

2.3.4 辅助线

打开标尺后，在标尺上按住鼠标左键，鼠标指针将呈现 或 形状，然后按住并拖动鼠标到舞台中，可以添加横向或纵向的辅助线，如图 2.3.5 所示。

添加横向的辅助线　　　　　　　　　　添加纵向的辅助线

图 2.3.5　添加辅助线效果

为了防止在操作过程中不小心移动了辅助线，可以将辅助线锁定在某个位置上，选择菜单栏中的 视图(V) → 辅助线(E) → 锁定辅助线(K) 命令即可。如果要删除辅助线，最简单的方法就是使用选择工具将辅助线直接拖至水平或垂直标尺上。

另外，用户还可以选择菜单栏中的 视图(V) → 辅助线(E) → 编辑辅助线... 命令，在弹出的"辅助线"对话框中自定义辅助线的属性，如图 2.3.6 所示。对其中各项说明如下：

（1）颜色：█：用于设置辅助线的颜色。

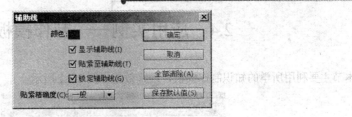

图 2.3.6　"辅助线"对话框

（2）：用于设置是否显示辅助线。

（3）：用于设置是否使对象对齐辅助线。

（4）：用于设置是否固定辅助线。

（5）：用于设置对象对齐辅助线的方式。

（6）：应用所设置的辅助线属性，并关闭"辅助线"对话框。

（7）：取消对辅助线属性的设置，并关闭"辅助线"对话框。

（8）：清除创建的所有辅助线。

（9）：将设置保存为默认值。

2.3.5　网格

Flash 中的网格不是图像，只是辅助绘图的工具，由一组水平线和垂直线组成，在动画输出时将不予显示，选择菜单栏中的 视图(V) → 网格(D) → 显示网格(D) 命令，可以显示网格（见图 2.3.7），再次选择则将其隐藏。

用户还可以选择菜单栏中的 视图(V) → 网格(D) → 编辑网格(E)... 命令，在弹出的"网格"对话框中自定义网格的属性，如图 2.3.8 所示。

图 2.3.7　显示网格

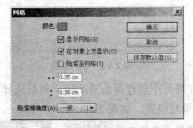

图 2.3.8　"网格"对话框

（1）：用于设置网格线的颜色。

（2）：用于设置是否显示网格。

（3）：用于设置是否在对象上方显示网格。

（4）：用于设置是否使对象对齐网格线。

（5） 和 ：用于设置网格在水平方向和垂直方向上的间隔。

（6）：用于设置对象对齐网格的方式。

（7）：应用所设置的网格属性，并关闭"网格"对话框。

（8）：取消对网格属性的设置，并关闭"网格"对话框。

（9）：将设置保存为默认值。

2.4 应用实例——制作模板

本节主要利用所学的知识制作模板，最终效果如图 2.4.1 所示。

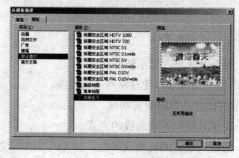

图 2.4.1 最终效果图

操作步骤

（1）启动 Flash CS5 应用程序，在开始页面的"新建"区域中单击 **ActionScript 3.0** 选项，新建一个 Flash 文档。

（2）按"Ctrl+R"键，在舞台中导入一幅位图，如图 2.4.2 所示。

（3）选择菜单栏中的 **视图(V)** → **标尺(R)** 命令，场景窗口中显示标尺，并将标尺的单位设置为"厘米"，效果如图 2.4.3 所示。

图 2.4.2 导入位图

图 2.4.3 显示并设置标尺

（4）在舞台中创建两条辅助线，然后选择菜单栏中的 **视图(V)** → **辅助线(E)** → **锁定辅助线(K)** 命令，锁定辅助线位置，如图 2.4.4 所示。

（5）选择菜单栏中的 **视图(V)** → **辅助线(E)** → **编辑辅助线...** 命令，弹出"辅助线"对话框，设置其对话框参数，如图 2.4.5 所示。

图 2.4.4 创建辅助线

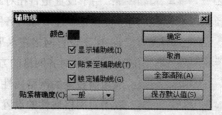

图 2.4.5 "辅助线"对话框

（6）单击工具箱中的"选择工具"按钮 ，将导入的位图拖曳至创建的辅助线内，然后在位图的右下方再创建两条辅助线，效果如图 2.4.6 所示。

（7）单击工具箱中的"线条工具"按钮 ，设置其属性面板参数，如图 2.4.7 所示。

图 2.4.6　移动位图

图 2.4.7　"线条工具"属性面板

（8）设置好参数后，按住"Shift"键，沿辅助线绘制出四条直线，效果如图 2.4.8 所示。

（9）选择菜单栏中的 修改(M) → 文档(D)... 命令，弹出"文档设置"对话框，设置其对话框参数，如图 2.4.9 所示。

图 2.4.8　绘制直线

图 2.4.9　"文档设置"对话框

（10）设置好参数后，单击 确定 按钮，并隐藏辅助线和标尺，效果如图 2.4.10 所示。

（11）选择菜单栏中的 文件(F) → 另存为模板(T)... 命令，弹出"另存为模板"对话框，设置其对话框参数，如图 2.4.11 所示。

图 2.4.10　设置模板大小

图 2.4.11　"另存为模板"对话框

（12）设置好参数后，单击 保存(S) 按钮，最终效果如图 2.4.1 所示。

本 章 小 结

本章主要介绍了 Flash CS5 的工作环境，包括 Flash CS5 的工作界面、文档的各种操作以及辅助工具的使用等内容。通过本章的学习，读者应熟悉 Flash CS5 的工作界面，并能熟练掌握 Flash CS5 的文档操作和各种辅助工具的使用技巧。

实 训 练 习

一、填空题

1. 在 Flash CS5 中，所有的绘图工具都集成在_____中，用户可以单击它们激活相应工具，然后进行各种操作。

2. 新建文档，是指创建以_____为后缀名的、可直接打开编辑的源文件。

3. 在 Flash CS5 中，编辑区中心的白色区域称为_____，衬托在舞台后面的浅灰色区域是_____，在使用 Flash Player 播放时，_____中的内容将不予显示。

4. 按_____快捷键，可以弹出"文档设置"对话框。

5. 在 Flash CS5 中，使用_____可精确确定对象在舞台上的位置，从而更快地创建大小和位置都很规范的对象。

二、选择题

1. Flash CS5 的菜单栏包括（　　）个菜单项。

    （A）7　　　　　　　　　　　　　　（B）8

    （C）9　　　　　　　　　　　　　　（D）11

2. 在 Flash CS5 中，按（　　）键可新建一个 Flash CS5 文档。

    （A）Ctrl+N　　　　　　　　　　　（B）Alt+X

    （C）Ctrl+W　　　　　　　　　　　（D）Ctrl+Q

3. 在 Flash CS5 中，默认的文档大小为（　　）像素。

    （A）18×18　　　　　　　　　　　（B）2800×2800

    （C）500×400　　　　　　　　　　（D）550×400

4. 在 Flash CS5 中使用（　　）可以移动"舞台"的位置。

    （A）手形工具　　　　　　　　　　（B）辅助线

    （C）网格　　　　　　　　　　　　（D）标尺工具

三、简答题

1. 如何设置 Flash CS5 的文档属性？

2. 在 Flash CS5 中，标尺、网格和辅助线的作用各是什么？

四、上机操作题

1. 利用 Flash CS5 内自带的模板，创建一个雪景动画。

2. 打开 Flash CS5 文档后，分别显示和隐藏标尺、网格和辅助线，并对各辅助工具的属性进行设置。

第 3 章　图形的绘制与色彩填充

Flash CS5 提供了非常强大的绘图和填充工具，只要掌握了这些工具的使用技巧，即使以前不懂绘画，也可以创作出多姿多彩的动画效果。

知识要点

⊙ 基本绘图工具
⊙ 路径工具
⊙ 颜色填充工具
⊙ Deco 工具

3.1　基本绘图工具

在 Flash CS5 中，几乎所有的操作都是针对绘制的图形进行的，因此，图形的绘制是制作动画的基础，下面具体介绍各种绘图工具的使用方法与技巧。

3.1.1　矩形工具

矩形工具主要用于绘制各种矩形和正方形，选择工具箱中的矩形工具▣，将鼠标指针移动到舞台上，鼠标指针呈现＋形状，说明该工具已经被激活，这时用户就可以按住鼠标左键不放并拖动绘制矩形了。如果要绘制正方形，只须在绘制的同时按住"Shift"键即可，如图 3.1.1 所示。

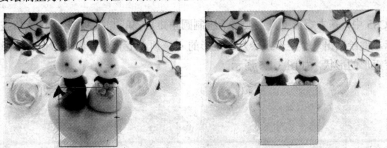

图 3.1.1　使用矩形工具绘制正方形

选择矩形工具▣后，其属性面板如图 3.1.2 所示，用户可以在其中设置矩形或正方形的线条粗细、笔触颜色以及填充颜色等参数。

在属性面板中的 4 个"边角半径"文本框中输入数值，可以设置所绘矩形边角的弧度，输入的数值在−100～100 之间，如图 3.1.3 所示。

📢 **提示**：使用矩形工具绘制矩形时，也可以通过拖曳属性面板下方的滑块对边角半径进行设置。

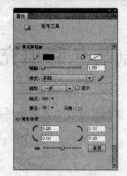

图 3.1.2 "矩形工具"属性面板　　　　图 3.1.3 设置矩形边角弧度

　　如果单击 按钮，将解除锁定状态，可分别对矩形的 4 个边角的弧度进行设置，如图 3.1.4 所示。此时的按钮变成 形状，再次单击 按钮，即可将边角半径按件锁定为一个控件，如果不满意可单击 重置 按钮，恢复原状。

锁定边角半径　　　　　　　　　　解除锁定边角半径

图 3.1.4 解除锁定状态设置圆角矩形效果

3.1.2　基本矩形工具

　　在 Flash CS5 中，基本矩形工具主要用于绘制圆角矩形。单击"基本矩形工具"按钮，在工作区内拖曳鼠标左键绘制出一个矩形，会发现矩形的 4 个顶点上有 4 个黑点，使用选择工具 来拖动黑点可以改变矩形的形状，如图 3.1.5 所示。

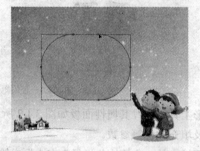

图 3.1.5 拖动节点改变矩形圆角弧度

3.1.3　椭圆工具

　　在 Flash CS5 中，使用工具箱中的椭圆工具可以轻松地绘制出椭圆形、圆形以及扇形等形状。

选择工具箱中的椭圆工具 ，将鼠标指针移动到舞台上，鼠标指针呈现＋形状，说明该工具已经被激活。这时，用户就可以按住鼠标左键不放并拖动绘制椭圆了，如果要绘制圆形，只需在绘制的同时按住"Shift"键即可，如图 3.1.6 所示。

图 3.1.6　使用椭圆工具绘制圆形

选择工具箱中的椭圆工具 后，在其属性面板中将显示椭圆工具的各项属性设置选项，如图 3.1.7 所示。除了与矩形工具相同的属性之外，椭圆工具还具有以下的属性：

（1）☑闭合路径：此复选框用于确认椭圆的内径是否闭合。如果指定了一条开放路径，但未对生成的形状应用任何填充，则仅绘制笔触。默认情况下选中此复选框。

（2）开始角度:和 结束角度:：使用这两个控件可以轻松地将椭圆和圆形的形状修改为扇形、半圆形以及其他具有创意的形状。既可以通过拖曳滑块进行设置，也可以直接在右侧的文本框中输入数值。如图 3.1.8 所示为不同起始角度和结束角度的效果。

图 3.1.7　"椭圆工具"属性面板　　　　图 3.1.8　不同起始角度和结束角度的效果

（3）内径:　　　　　0.00：通过拖曳滑块或在右侧的文本框中输入数值，可以相应地调整内径的大小。输入的数值在 0～99 之间，以表示内径变化的百分比，如图 3.1.9 所示。

图 3.1.9　不同内径变化后的效果对比

3.1.4 基本椭圆工具

基本椭圆工具主要用于绘制各种圆缺和扇形，其使用方法与椭圆工具基本相似。所不同的是，通过使用选择工具 拖动椭圆外围的节点，可以改变起始角度和结束角度，效果如图 3.1.10 所示。使用选择工具 拖动椭圆内部的节点，可以改变内径的数值，效果如图 3.1.11 所示。

图 3.1.10 改变椭圆起始角度和结束角度　　　　图 3.1.11 改变椭圆内径

与基本矩形工具一样，使用选择工具选中用基本椭圆工具绘制的椭圆后，可以通过在属性面板中更改参数来改变椭圆的起始角度、结束角度以及内径，而使用椭圆工具绘制的椭圆不能做到这一点。

3.1.5 多角星形工具

多角星形工具与矩形工具位于同一个工具组中，使用它可以绘制多边形和星形。选择多角星形工具 后，其属性面板如图 3.1.12 所示。

多角星形工具属性面板中的参数和矩形工具的参数基本相同，只是多了一个 选项... 按钮，单击该按钮，将弹出如图 3.1.13 所示的"工具设置"对话框，用户可以在其中设置图形的样式、边数和顶点的大小。

图 3.1.12 "多角星形工具"属性面板　　　　图 3.1.13 "工具设置"对话框

（1） 样式：可设置多角星形工具的样式是"多边形"或是"星形"。

（2） 边数：可设置"多边形"或"星形"的边数，取值范围为 3～32。

（3） 星形顶点大小：可设置星形顶点的大小，取值范围为 0～1 之间的小数。

设置好参数后，单击 确定 按钮关闭对话框，然后在舞台上按住鼠标左键不放并拖动即可绘制多边形或星形，效果如图 3.1.14 所示。

图 3.1.14　使用多角星形工具绘制多边形和星形

提示：使用多角星形工具绘制多边形或星形时，可移动鼠标旋转绘制的图形。若按住"Shift"键，则以固定角度旋转图形。

3.1.6　线条工具

线条工具主要用于绘制各种不同方向的矢量直线。选择工具箱中的线条工具 ，在舞台上单击鼠标并拖动，可以绘制任意方向、长度、位置的线条。如果在绘制的同时按住"Shift"键，将只能绘制倾斜角度为 0°，45°，90°，135° 等按 45° 倍数变化的直线，如图 3.1.15 所示。

图 3.1.15　绘制倾斜角度为 45° 倍数的直线

使用线条工具绘制线条时，用户可以通过"线条工具"属性面板设置线条的颜色、粗细、样式等属性，如图 3.1.16 所示。

（1）　 ：设置线条的颜色。单击其右下角的黑色小三角，在弹出的颜色列表中选择相应的颜色即可，如图 3.1.17 所示。

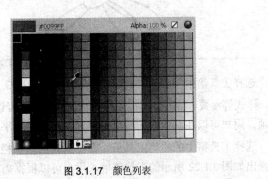

图 3.1.16　"线条工具"属性面板　　　　　图 3.1.17　颜色列表

（2）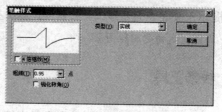：设置线条的粗细。在文本框中直接输入数值，或者拖曳滑块进行设置。

（3）样式：实线：设置线条的样式。单击该下拉列表框，在弹出的"笔触样式"下拉列表中选择即可，如图 3.1.18 所示。

（4）：自定义线条的样式。单击该按钮，将弹出"笔触样式"对话框（见图 3.1.19），在 类型(Y)：下拉列表中选择一种样式，然后对其参数进行设置即可。

图 3.1.18　"笔触样式"下拉列表　　　　　　图 3.1.19　"笔触样式"对话框

（5）端点：：设置线条端点的形状。

（6）☑提示：设置是否启动笔触提示功能。

（7）缩放：：设置线条在 Flash Player 中的笔触缩放方式。

（8）尖角：：设置线条在接合处的倾斜程度。

（9）接合：：设置线条的接合方式。

3.1.7　铅笔工具

铅笔工具主要用于绘制各种曲线，单击工具箱中的"铅笔工具"按钮，将鼠标指针移动到舞台上，用户就可以按住鼠标左键作为曲线的起点，然后拖动鼠标到另一点后释放鼠标，即可在两点之间绘制各种曲线，如图 3.1.20 所示。

图 3.1.20　使用铅笔工具绘制的图形对象

选择工具箱中的铅笔工具后，其属性面板如图 3.1.21 所示，用户可以在其中设置曲线的粗细、颜色、样式等参数。"铅笔工具"属性面板中的参数和线条工具中的参数基本相同，只是多了一个 平滑：选项，用户可以在其中输入数值，设置铅笔笔触在平滑模式下的平滑程度，取值范围为 0～100。

选择工具箱中的铅笔工具后，在工具箱的选项栏中将出现"铅笔模式"按钮，单击该按钮，将弹出如图 3.1.22 所示的下拉菜单，用户可以根据需要选择适当的铅笔模式，然后再绘制各种曲线。

图 3.1.21　"铅笔工具"属性面板　　　　　　　图 3.1.22　"铅笔模式"下拉菜单

（1）伸直模式：该模式是系统的默认模式，在该模式下，系统会将所绘制的曲线调整为矩形、椭圆、三角形、正方形等较为规则的图形。

（2）平滑模式：在该模式下，系统会对图形进行微调，使其更加平滑。

（3）墨水模式：在该模式下，系统不会对图形进行任何调整，因此，绘制出的图形几乎不会发生变化。

3.1.8　刷子工具

刷子工具也是常用的绘图工具之一，与前面介绍的绘图工具不同的是，使用刷子工具所绘制的是任意形状、大小以及颜色的填充区域而不是线条。选择工具箱中的刷子工具后，在工具箱的选项栏中将出现刷子工具的附加选项，包括"对象绘制"按钮、"锁定填充"按钮、"刷子模式"按钮、"刷子大小"下拉列表和"刷子形状"下拉列表，如图 3.1.23 所示。

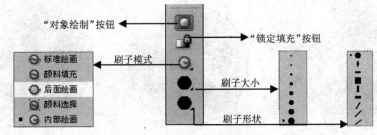

图 3.1.23　刷子工具的附加选项

设置好属性后，在舞台上单击鼠标并拖动即可绘图，如图 3.1.24 所示。如果在绘制的同时按住"Shift"键，所绘线条的方向为水平或垂直，如图 3.1.25 所示。

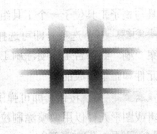

图 3.1.24　用"刷子工具"绘制图形　　　　　图 3.1.25　绘制水平或垂直直线

下面以图 3.1.26 为例对 5 种绘画模式进行详细介绍：

（1）标准绘画模式：选择该模式后，可以在舞台中同一层的线条和填充上进行绘画，如图 3.1.27 所示。

（2）颜料填充模式：选择该模式后，可以对填充区域和空白区域进行绘画，线条不受影响，如图 3.1.28 所示。

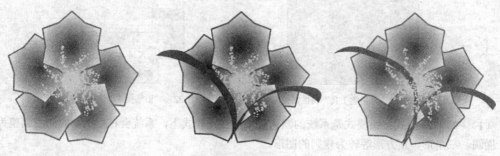

图 3.1.26　原图　　　　　　　　图 3.1.27　标准绘画模式　　　　　　　　图 3.1.28　颜料填充模式

（3）后面绘画模式：选择该模式后，可以在舞台中同一层的空白区域进行绘画，线条和填充区域不受影响，如图 3.1.29 所示。

（4）颜料选择模式：选择该模式后，可以将新的填充应用到选择区域中，使用该模式就像选择一个填充区域并应用新填充一样。在该模式下进行涂色时，需要先选中底层的填充，然后在上层进行涂色，如图 3.1.30 所示。

（5）内部绘画模式：选择该模式后，可以对画笔笔触开始的填充进行涂色，但不对线条涂色。它不允许用户在线条外面涂色，而如果在空白区域中开始涂色，该填充将不会影响任何现有的填充区域，如图 3.1.31 所示。

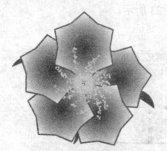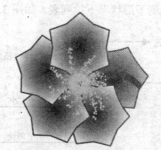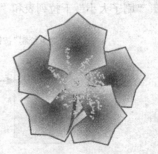

图 3.1.29　后面绘画模式　　　　　　　图 3.1.30　颜料选择模式　　　　　　　图 3.1.31　内部绘画模式

3.1.9　喷涂刷工具

喷涂刷工具与刷子工具位于一个工具组中，在刷子工具 上按住鼠标左键不放，在弹出的下拉菜单中选择 喷涂刷工具(B) 选项，即可选择喷涂刷工具。它的作用类似于粒子喷射器，使用它可以一次将形状图案"刷"到舞台上。喷涂刷工具的属性面板如图 3.1.32 所示，从属性面板中可以看出，它基本上是由元件和画笔组成的。

（1）单击 编辑... 按钮，即可弹出"交换元件"对话框，如图 3.1.33 所示。用户可以在其中选择影片剪辑或图形元件以用做喷涂刷粒子。

（2）在 缩放宽度 和 缩放高度 文本框中输入数值，可以调整喷涂刷工具的喷涂大小，其取值范围在 0~40 000 之间。

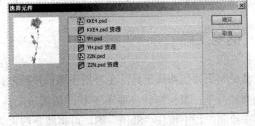

图 3.1.32 "喷涂刷工具"属性面板　　　　图 3.1.33 "交换元件"对话框

（3）选中 ☑随机缩放 复选框，可以指定按随机比例将每个基于元件的喷涂粒子放置在舞台上，并改变每个粒子的大小，如图 3.1.34 所示。使用默认喷涂点时，会禁用此选项。

（4）选中 ☑旋转元件 复选框，可以围绕中心点旋转基于元件的喷涂粒子，如图 3.1.35 所示。此属性仅在将元件用做粒子时出现。

图 3.1.34 随机缩放效果　　　　图 3.1.35 旋转元件效果

（5）选中 ☑随机旋转 复选框，可以指定按随机旋转角度将每个基于元件的喷涂粒子放置在舞台上，如图 3.1.36 所示。使用默认的喷涂点时，会禁用此选项。

注意：在属性面板中的 ☑旋转元件 和 ☑随机旋转 复选框，仅在将元件用做粒子时可用。

（6）宽度：：在不使用库中的元件时，喷涂粒子的宽度。

（7）高度：：在不使用库中的元件时，喷涂粒子的高度。

（8）画笔角度：：在不使用库中的元件时，应用到喷涂粒子的顺时针旋转量，如图 3.1.37 所示为设置画笔旋转角度为"30°"。

图 3.1.36 随机旋转效果　　　　图 3.1.37 设置画笔旋转角度为"30°"

3.2 路 径 工 具

在 Flash CS5 中，提供了专门用于绘制路径的工具，分别为钢笔工具、部分选取工具以及转换点工具等，灵活地使用这些工具可以绘制出各种不同形状的图形对象。

3.2.1 钢笔工具

钢笔工具又叫贝塞尔曲线工具，主要用于精确地绘制路径。选择工具箱中的钢笔工具 ，将鼠标指针移动到舞台上，鼠标指针呈现 形状，说明该工具已经被激活，这时，用户就可以绘制各种路径了。若在绘制过程中按住 "Shift" 键，可将线条约束为与水平方向呈以 45° 为增量的角度，如图 3.2.1 所示。

📢 **提示**：使用钢笔工具可以绘制两种类型的点：一种叫锚点，是曲线之间的点；一种叫拐点，是折线中各段直线之间的点，通常将它们统称为节点。在绘制曲线时，鼠标拖动的距离和方向决定了相应节点处曲线的曲率和方向。

当结束路径的绘制时，用户可根据以下情况执行相应的操作：

（1）若要绘制一条开放路径，可在最后一个节点的位置双击，或单击工具箱中的 "钢笔工具" 按钮 ，还可以按住 "Ctrl" 键在路径外的任意位置单击。

（2）若要绘制一条闭合路径，可将钢笔工具指针放置到第一个节点上，当靠近钢笔尖的位置出现一个小圆圈时，单击或拖动鼠标即可闭合路径，如图 3.2.2 所示。

图 3.2.1　使用钢笔工具绘制图形　　　图 3.2.2　绘制闭合路径

（3）若要按当前的形状完成对象的绘制，可选择菜单栏中的 编辑(E) → 取消全选(V) 命令，或在工具箱中选择其他工具。

3.2.2 部分选取工具

在使用钢笔工具绘制比较复杂的图形时，可以使用部分选取工具 调整图形中的锚点或调节杆，以改变图形的形状。

选择部分选取工具 ，使用该工具在图形中单击，可将构成图形的所有锚点显示出来，如图 3.2.3 所示。

在线条的非锚点处单击并拖动，可移动整个图形，如图 3.2.4 所示。

图 3.2.3　显示所有锚点

图 3.2.4　移动整个图形

使用鼠标单击某个锚点，将显示该锚点的控制杆。此时，单击锚点或拖动控制杆上的控制点，即可改变图形的形状，如图 3.2.5 所示。

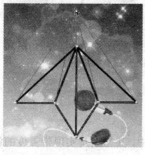

移动锚点的位置

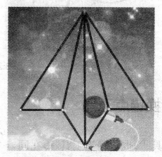

拖动控制点效果

图 3.2.5　改变图形的形状

 **技巧**：（1）使用部分选取工具选择锚点后使用方向键可控制锚点以较小的位移移动。

（2）使用部分选取工具选择某个锚点，在按住"Alt"键的同时拖动该点可将拐角锚点转换为曲线锚点。

3.2.3　添加锚点工具

添加锚点工具与钢笔工具在同一个工具组中，在工具箱中按住钢笔工具不放，在弹出的如图 3.2.6 所示的选项框中选择添加锚点工具，其作用是为已经绘制好的路径添加锚点。

选择添加锚点工具后，将光标移至已经绘制好的路径上方，此时光标显示为形状，在路径上单击鼠标即可添加锚点，如图 3.2.7 所示。

图 3.2.6　选择添加锚点工具

图 3.2.7　添加锚点

3.2.4 删除锚点工具

删除锚点工具![]和钢笔工具![]在同一个工具组中，其作用是删除路径上不需要的锚点。

选择删除锚点工具![]后，将光标移至路径上不需要的锚点上，此时光标显示为![]-形状，在不需要的锚点上单击鼠标，即可删除锚点，如图 3.2.8 所示。

图 3.2.8　删除锚点

3.2.5 转换锚点工具

转换锚点工具![]也与钢笔工具![]在同一个工具组中，其作用是实现带弧度的锚点与平直锚点间的切换，还可以显示用其他绘图工具绘制的锚点。

选择转换锚点工具![]，在平直锚点上按住鼠标左键不放并拖动，可将平直锚点转换为带弧度的锚点，如图 3.2.9 所示。

图 3.2.9　将平直锚点转换为带弧度的锚点

选择转换锚点工具![]后，在有弧度的锚点上单击鼠标，可将该锚点转换为平直锚点，效果如图 3.2.10 所示。

图 3.2.10　将有弧度的锚点转换为平直锚点

选择转换锚点工具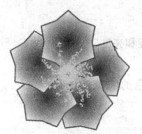，在使用其他绘图工具绘制的图形上单击鼠标，可以显示出该图形的锚点，如图 3.2.11 所示。

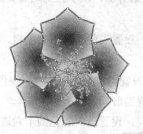

图 3.2.11　显示用其他工具绘制的图形上的锚点

3.3　颜色填充工具

在 Flash CS5 中，使用绘图工具绘制好图形后，可以通过颜色填充工具对绘制的图形对象进行色彩填充，以制作出五彩缤纷的动画效果。

3.3.1　颜色面板

选择菜单栏中的 窗口(W) → 颜色(C) 命令，或按"Alt+Shift+F9"快捷键打开颜色面板，在面板的 类型: 下拉列表中有无、纯色、线性渐变、径向渐变和位图 5 个选项，用户可以根据需要进行选择及设置，下面对其进行具体介绍。

1. 纯色

纯色是指使用单一的颜色填充图形对象，其颜色面板如图 3.3.1 所示。

（1） ：设置笔触颜色和填充颜色。

（2） ：单击此按钮，将打开如图 3.3.2 所示的颜色列表，用户可从中选择一种颜色进行填充。如果在列表中没有找到需要的颜色，可以单击列表右上角的 按钮，在弹出的"颜色"对话框中可自行设置。

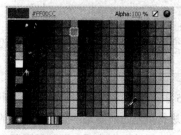

图 3.3.1　颜色面板　　　　　　图 3.3.2　颜色列表

（3） ：可将当前设置的笔触颜色和填充颜色切换为黑白色。

（4） ：可将当前颜色设置为空。

（5）：可切换当前设置的笔触颜色和填充颜色。

（6）：颜色选择器，用于直观地设置颜色。

（7）：设置当前颜色中的色相、饱和度和亮度。
- H: 312°
- S: 100%
- B: 100%

（8）：设置当前颜色中红色、绿色和蓝色的浓度。
- R: 255
- G: 0
- B: 204

（9）：设置当前颜色的透明度。

（10）# FF00CC：设置当前颜色的十六进制值。

（11）：当前颜色样本，用于直观显示创建的颜色。

2. 线性渐变

线性渐变色的特点是颜色从起点到终点沿直线逐渐变化，选择菜单栏中的 窗口(W) → 颜色(C) 命令，打开颜色面板，在 类型: 下拉列表中选择"线性渐变"选项，颜色面板的外观发生改变，如图 3.3.3 所示。

（1） 流: ：设置渐变色的溢出模式，有扩展（默认模式）、放射和重复 3 种模式。

（2）□ 线性 RGB：设置是否创建 SVG 兼容的渐变色。

（3）：渐变色编辑栏，用于设置渐变色的起始点颜色和终点颜色。用户还可以在渐变色编辑栏上单击鼠标增加过渡色标，然后移动该色标的位置，调整它所对应颜色在渐变色中的位置。

3. 径向渐变

径向渐变色的特点是颜色从起点到终点按照环形模式向四周逐渐变化，打开颜色面板，在 类型: 下拉列表中选择"径向渐变"选项，颜色面板的外观发生改变，如图 3.3.4 所示。

图 3.3.3　选择"线性渐变"选项

图 3.3.4　选择"径向渐变"选项

由于径向渐变色的设置方法与线性渐变色的设置方法完全相同，这里就不再赘述。

4. 位图

在 Flash CS5 中，除了可以使用纯色、线性渐变色、径向渐变色填充图形之外，还可以使用位图填充。使用位图进行填充的前提是：必须有导入的位图，并且已经将其打散。在颜色面板的"类型"下拉列表中选择"位图填充"选项，即可显示所有打散的位图，如图 3.3.5 所示。

提示：打散的位图即将位图图像分离成图形，具体方法将在后面的章节做详细介绍。

（1）按钮：单击该按钮，弹出如图 3.3.6 所示的"导入到库"对话框，用户可以在其中选择需要的位图，选中后单击 打开(0) 按钮，即可将图像导入到库中。

图 3.3.5　选择"位图填充"选项　　　　图 3.3.6　"导入到库"对话框

（2）　：位图选择区，用于直观地选择位图。

3.3.2　墨水瓶工具和颜料桶工具

在 Flash CS5 中，可以使用工具箱中的墨水瓶工具和颜料桶工具对绘制的图形轮廓或整个图形进行颜色填充，下面对其进行具体介绍。

1. 墨水瓶工具

墨水瓶工具主要用于填充图形轮廓的颜色，也可用于更改轮廓的粗细、线型等，常与滴管工具配合使用。选择工具箱中的墨水瓶工具 ，其属性面板如图 3.3.7 所示。

由于墨水瓶工具的参数与线条工具的参数完全相同，它们的功能与设置方法也相同，这里就不再赘述。设置完成后，在图形轮廓上单击鼠标即可，如图 3.3.8 所示分别为改变图形轮廓颜色、粗细和线型后的效果。

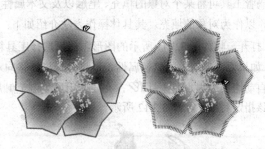

图 3.3.7　"墨水瓶工具"属性面板　　　　图 3.3.8　使用墨水瓶工具填充图形轮廓

2. 颜料桶工具

颜料桶工具主要用于填充封闭图形的内部区域，也可用于填充不封闭区域，但此时需要通过空隙模式设置填充空隙的大小。选择工具箱中的颜料桶工具 ，在封闭图形的内部区域单击鼠标即可填充，如图 3.3.9 所示。

纯色填充　　　　　　　线性渐变　　　　　　　径向渐变　　　　　　　位图填充

图 3.3.9　填充封闭区域

选择颜料桶工具█后，单击选项栏中的"空隙大小"按钮█，将弹出一个下拉菜单，其中选项分别对应颜料桶工具的 4 种空隙模式，如图 3.3.10 所示。

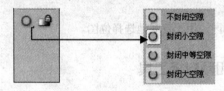

图 3.3.10　"空隙大小"下拉菜单

（1）不封闭空隙。在该模式下，当需要填充的区域存在空隙时，将不进行填充操作。

（2）封闭小空隙。在该模式下，当需要填充的区域存在小空隙时，仍可进行填充操作。

（3）封闭中等空隙。在该模式下，当需要填充的区域存在中等空隙时，仍可进行填充操作。

（4）封闭大空隙。在该模式下，当需要填充的区域存在较大空隙时，仍可进行填充操作。

提示：单击选项栏中的"锁定填充"按钮█，可用于切换在使用渐变颜色进行填充时的参照点。

3.3.3　滴管工具

使用滴管工具可将某个对象的填充、笔触以及文本属性复制到另一个对象，并且还可以从位图图像中取样，以作为对象的填充。其具体操作方法介绍如下：

（1）打开一幅如图 3.3.11 所示的图形，然后选择工具箱中的滴管工具█。

（2）如果要复制对象的笔触属性，可将鼠标指针移向对象的笔触，当光标变为█形状时单击，该工具将自动切换为墨水瓶工具█，在要应用所复制笔触属性的对象上单击，原对象的笔触属性即可复制到该指定对象，如图 3.3.12 所示。

图 3.3.11　原图

图 3.3.12　复制对象的笔触属性

（3）如果要复制对象的填充属性，可将鼠标指针移向对象的填充区域，当光标变为形状时单击，该工具将自动切换为颜料桶工具，在要应用所复制填充属性的对象上单击鼠标，原对象的填充属性即可复制到指定的对象，如图 3.3.13 所示。

（4）如果要复制对象的文本属性，可将鼠标指针移向要复制文本属性的对象上，当光标变为形状时单击鼠标，该工具将自动转换为文本工具，在适当的位置输入文本，此时原文本的属性即可复制到新输入的文本中，如图 3.3.14 所示。

图 3.3.13　复制对象的填充属性　　　　图 3.3.14　复制文本属性

3.3.4　渐变变形工具

渐变变形工具用于调整渐变色或填充位图的尺寸、角度及中心点，下面对其进行具体介绍：

（1）选择工具箱中的渐变变形工具，在被调整的图形对象上单击鼠标，此时被调整对象周围会出现一些控制手柄，根据填充内容的不同，显示的手柄也将不同，如图 3.3.15 所示。

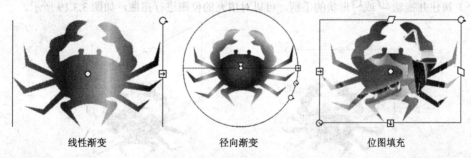

线性渐变　　　　　　　径向渐变　　　　　　　位图填充

图 3.3.15　不同填充内容时的手柄状态

（2）按住并拖动或形状的手柄，可以单独在水平或垂直方向上调整填充内容的尺寸（即非等比例调整）。另外，按住并拖动形状的手柄，可以在水平和垂直方向上同时调整填充内容的尺寸（即等比例调整），如图 3.3.16 所示。

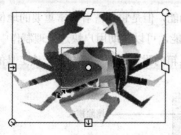

图 3.3.16　等比例调整填充内容的尺寸

（3）按住并拖动形状的手柄，可调整线性渐变色、径向渐变色和位图的填充角度，如图 3.3.17 所示为位图填充的角度调整效果。

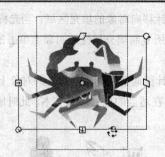

图 3.3.17　调整位图填充的角度

（4）按住并拖动 ♡ 或 ♡ 形状的手柄，可以移动线性渐变色、径向渐变色和位图的填充中心点位置，如图 3.3.18 所示。

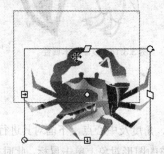

图 3.3.18　调整位图填充的中心点

（5）按住并拖动 ▱ 或 ▱ 形状的手柄，可以对填充的位图进行扭曲，如图 3.3.19 所示。

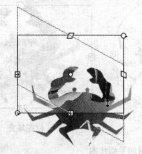
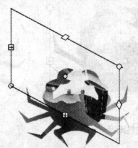

图 3.3.19　扭曲填充的位图

3.3.5　橡皮擦工具

在 Flash CS5 的工具箱中有一个工具没有绘画功能，但是它却占着非常重要的地位，那就是橡皮擦工具。Flash CS5 赋予了橡皮擦工具很多实用的功能，可以帮助用户快速处理制作中的图形问题。

（1）选择工具箱中的橡皮擦工具 ⬛ 后，在工具箱的附加选项中将会显示该工具的功能选项，如图 3.3.20 所示。

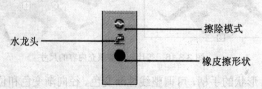

图 3.3.20　橡皮擦工具附加选项

（2）如果采用拖动的方式来擦除部分笔触或填充区域,可单击工具箱下方的"擦除模式"按钮，在弹出的"擦除模式"下拉菜单中提供了5种可供选择的擦除模式：

1）标准擦除：默认的擦除模式，选择该模式，可擦除同一层上的笔触和填充内容。

2）擦除填充：选择该模式，只能擦除图形的填充区域，而不会影响笔触。

3）擦除线条：选择该模式，只能擦除图形的笔触，而不影响填充区域。

4）擦除所选填充：选择该模式，只能擦除选中区域中的填充内容，而不影响笔触。

5）内部擦除：选择该模式，只能擦除鼠标单击点所在位置图形的填充内容，如果单击点为空白区域，则不擦除任何图形。

（3）如果要删除某段笔触或填充区域，可单击附加选项中的"水龙头"按钮，当指针变为形状时，只要在删除的笔触段或填充区域中单击鼠标即可，如图3.3.21所示。

图 3.3.21 使用水龙头工具擦除图形

（4）在"橡皮擦形状"下拉列表中可选择橡皮擦工具的擦除形状及大小。

（5）在舞台上要擦除的笔触段或填充区域拖动鼠标，在释放鼠标按键后即可擦除指针拖过的笔触或填充。

提示：如果用户想要擦除舞台中的所有图形对象，可以双击工具箱中的"橡皮擦工具"按钮。

3.4 Deco 工 具

在 Flash CS5 中大大增强了 Deco 工具的功能，增加了许多绘图工具，使得绘制丰富背景变得方便而快捷。Deco 工具提供了多种绘制图形的方法，除了使用默认的一些图形绘制以外，在 Flash CS5 中还为用户提供了开放的创作空间，可以让用户通过创建元件，完成复杂图形或者动画的制作。单击工具箱中的"Deco 工具"按钮，或按"U"键即可使用 Deco 工具绘制图形，其属性面板如图 3.4.1 所示。

3.4.1 藤蔓式填充

利用藤蔓式填充效果，可以用藤蔓式图案填充舞台、元件或封闭区域。除了使用默认花朵和叶子形状的填充颜色外，还可以从库中选择元件，替换默认的叶子和花朵。在"Deco 工具"属性面板中，藤蔓式填充 ▼ 选项是 Flash CS5 默认的填充选项，如图 3.4.1 所示。

其属性面板中的各选项含义介绍如下：

（1）　编辑…　：单击此按钮，用户可以从弹出的"选择元件"对话框选择影片剪辑或图形元件以用做树叶或花的形状。

（2）　分支角度:：用于设置图案第一个分支的角度，0°为水平向右。

（3）　■　：用于设置藤蔓的颜色。

（4）　图案缩放:：用于设置花、叶、蔓的大小，会使对象同时沿水平方向（沿 X 轴）和垂直方向（沿 Y 轴）放大或缩小。

（5）　段长度:：用于设置叶子节点和花朵节点之间的段的长度。

（6）　☑动画图案：选中此复选框，会将绘制花朵的过程创建成逐帧动画序列。

（7）　帧步骤:：用于设置绘制时每秒运行的帧数。

如图 3.4.2 所示为使用藤蔓式填充效果。

图 3.4.1　"Deco 工具"属性面板　　　　图 3.4.2　应用藤蔓式填充效果

3.4.2　网格填充

网格填充可以对基本图形元素进行复制，并有序地排列到整个舞台上，产生类似壁纸的效果。在"Deco 工具"属性面板中的"绘制效果"下拉列表中选择　网格填充　｜▼选项，其属性面板如图 3.4.3 所示。

其属性面板中的各选项含义介绍如下：

（1）　水平间距:：用于设置网格填充中所用形状之间的水平距离。

（2）　垂直间距:：用于设置网格填充中所用形状之间的垂直距离。

（3）　图案缩放:：用于设置填充形状的缩放比例。

如图 3.4.4 所示为使用网格填充方式效果。

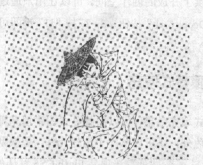

图 3.4.3　"网格填充"属性面板　　　　图 3.4.4　使用网格填充效果

3.4.3 对称刷子

使用对称刷子效果可以围绕中心点对称排列元件。在舞台上绘制元件时，将显示手柄，使用手柄增加元件数、添加对称内容或者修改效果，来控制对称效果。使用它可以创建圆形用户界面元素（如模拟钟面或刻度盘仪表）和旋涡图案。在"Deco 工具"属性面板中的"绘制效果"下拉列表中选择 对称刷子 选项，其属性面板如图 3.4.5 所示。

其属性面板中的各选项含义介绍如下：

（1） 网格平移 ：单击此按钮，弹出如图 3.4.6 所示的下拉列表，其中有 4 种高级选项供用户选择，分别为跨线反射、跨点反射、旋转和网格平移。

图 3.4.5 "对称刷子"属性面板　　　　　图 3.4.6 "高级选项"下拉列表

1） 跨线反射 ：选中此选项时，在场景正中会出现淡绿色对称轴，在线的一侧单击鼠标，即可得到一对对称的点或者元件。对称轴上方带双向箭头的点可以调整对称轴的角度方向，下方的点可以调整对称轴的位置，对称轴的改变会带动所有绘制的点位置变化，如图 3.4.7 所示。

2） 跨点反射 ：选中此选项时，场景正中会出现淡绿色中心对称点，在场景中单击，即可得到一对以此点为中心对称的点或者元件，可以通过移动中心点来移动所绘制的元件，如图 3.4.8 所示。

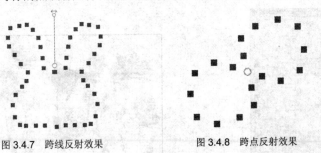

图 3.4.7 跨线反射效果　　　　　　图 3.4.8 跨点反射效果

3） 旋转 ：选中此选项时，场景中会出现两条淡绿色线组成的角，单击会得到围绕着角的一组中心对称点。拖动带 X 标记的线调整夹角的大小，可以改变点数的多少；调整带双向箭头的点可以改变方向；拖动中心点可以调整整组元件的位置，如图 3.4.9 所示。

4） 网格平移 ：选中此选项时，场景中会出现纵横两条坐标轴，单击会得到 8 行 8 列的点阵图形，通过改变纵横轴单位的距离，可以改变两个点之间的距离；改变两个轴的夹角，可以改变点阵图的形状；在两个轴的端点拖动，可以改变点阵图的行列数，如图 3.4.10 所示。

（2） ☑测试冲突 ：选中此复选框，不管用户如何增加对称效果内的实例数，可防止绘制的对称效果中的形状相互冲突；取消选中此复选框，会将对称效果中的形状重叠。

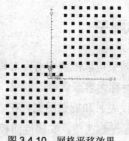

图 3.4.9　旋转效果　　　　　　　图 3.4.10　网格平移效果

3.4.4　3D 刷子

使用 3D 刷子效果可以在舞台上对某个元件的多个实例涂色，使其具有 3D 透视效果。在"Deco 工具"属性面板中的"绘制效果"下拉列表中选择 3D 刷子 ▼ 选项，其属性面板如图 3.4.11 所示。

其面板中的各选项含义介绍如下：

（1）最大对象数：用于设置要涂色的对象的最大数目。

（2）喷涂区域：用于设置与对实例涂色的光标的最大距离。

（3）☑ 透视：用于切换 3D 效果。若要为大小一致的实例涂色，须取消选中此选项。

（4）距离缩放：用于确定 3D 透视效果的量。增加此值会增加由向上或向下移动光标而引起的缩放。

（5）随机缩放范围：此属性允许随机确定每个实例的缩放，增加此值会增加可应用于每个实例的缩放值的范围。

（6）随机旋转范围：此属性允许随机确定每个实例的旋转，增加此值会增加每个实例可能的最大旋转角度。

如图 3.4.12 所示为使用 3D 刷子绘制的图形效果。

图 3.4.11　"3D 刷子"属性面板　　　　图 3.4.12　使用 3D 刷子绘图效果

3.4.5　建筑物刷子

使用建筑物刷子效果可以在舞台上绘制建筑物，建筑物的外观取决于为建筑物属性选择的值。在"Deco 工具"属性面板中的"绘制效果"下拉列表中选择 建筑物刷子 ▼ 选项，其属性面板如图 3.4.13 所示。

其面板中的各选项含义介绍如下：

（1）：该下拉列表用于设置绘图的样式。

（2）建筑物大小：用于设置建筑物的宽度。其值越大，创建的建筑物就越宽。

如图 3.4.14 所示为使用建筑物刷子绘制的图形效果。

图 3.4.13　"建筑物刷子"属性面板

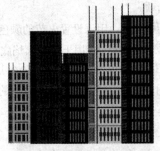

图 3.4.14　使用建筑物刷子绘图效果

3.4.6　装饰性刷子

使用装饰性刷子效果可以绘制装饰线，例如点线、波浪线以及线条。在"Deco 工具"属性面板中的"绘制效果"下拉列表中选择 装饰性刷子 选项，其属性面板如图 3.4.15 所示。

其面板中的各选项含义介绍如下：

（1）1：梯波形：用于设置需要绘制的线条样式。

（2）图案颜色：用于设置线条的颜色。

（3）图案大小：用于设置所选图案的大小。

（4）图案宽度：用于设置所选图案的宽度。

如图 3.4.16 所示为使用装饰性刷子绘制的图形效果。

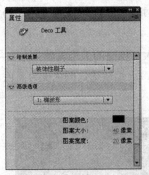

图 3.4.15　"装饰性刷子"属性面板

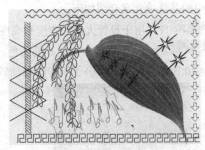

图 3.4.16　使用装饰性刷子绘图效果

3.4.7　火焰动画

使用火焰动画效果可以创建程序化的逐帧火焰动画。在"Deco 工具"属性面板中的"绘制效果"下拉列表中选择 火焰动画 选项，其属性面板如图 3.4.17 所示。

其面板中的各选项含义介绍如下：

（1）火大小：用于设置火焰的宽度和高度。输入的值越大，创建的火焰越大。

（2）火速：用于设置动画的速度。输入的值越大，创建的火焰越快。

（3）火持续时间：用于设置动画过程中在时间轴中创建的帧数。

（4）☑结束动画：选中此复选框，可以创建火焰燃尽而不是持续燃烧的动画。Flash 会在指定的火焰持续时间后添加其他帧以造成烧尽效果。如果要循环播放完成的动画以创建持续燃烧的效果，无需选择此选项。

（5）火焰颜色：用于设置火苗的颜色。

（6）火焰心颜色：用于设置火焰底部的颜色。

（7）火花：用于设置火源底部各个火焰的数量。

如图 3.4.18 所示为使用火焰动画制作的动画效果。

图 3.4.17 　"火焰动画"属性面板

图 3.4.18 　使用火焰动画效果

3.4.8　火焰刷子

使用火焰刷子效果可以在时间轴的当前帧中的舞台上绘制火焰。在"Deco 工具"属性面板中的"绘制效果"下拉列表中选择 火焰刷子 ▼ 选项，其属性面板如图 3.4.19 所示。

其面板中的各选项含义介绍如下：

（1）火焰大小：用于设置火焰的宽度和高度。数值越大，创建的火焰就越大。

（2）火焰颜色：用于设置火焰中心的颜色。在绘制时，火焰从选定颜色变为黑色。

如图 3.4.20 所示为使用火焰刷子制作的动画效果。

图 3.4.19 　"火焰刷子"属性面板

图 3.4.20 　使用火焰刷子效果

3.4.9　花刷子

使用花刷子效果可以在时间轴的当前帧中绘制程式化的花。在"Deco 工具"属性面板中的"绘制效果"下拉列表中选择 花刷子 ▼ 选项，其属性面板如图 3.4.21 所示。

其面板中的各选项含义介绍如下：

（1）花色：用于设置花的颜色。

（2）花大小：用于设置花的宽度和高度。数值越大，创建的花越大。

（3）树叶颜色：用于设置叶子的颜色。

（4）树叶大小：用于设置叶子的宽度和高度。数值越大，创建的叶子越大。

（5）果实颜色：用于设置果实的颜色。

（6）☑分支：选中此复选框，可以绘制花和叶子之外的分支。

（7）分支颜色：用于设置分支的颜色。

如图 3.4.22 所示为使用花刷子绘制的图形效果。

图 3.4.21　"花刷子"属性面板　　　　图 3.4.22　使用花刷子绘图效果

3.4.10　闪电刷子

使用闪电刷子可以创建闪电效果，还可以创建具有动画效果的闪电。在"Deco 工具"属性面板中的"绘制效果"下拉列表中选择 闪电刷子 ▼ 选项，其属性面板如图 3.4.23 所示。

其面板中的各选项含义介绍如下：

（1）闪电颜色：用于设置闪电的颜色。

（2）闪电大小：用于设置闪电的长度。

（3）☑动画：选中此复选框，可以创建闪电的逐帧动画。

（4）光束宽度：用于设置闪电根部的粗细。

（5）复杂性：用于设置每支闪电的分支数。数值越大，创建的闪电越长，分支越多。

如图 3.4.24 所示为使用闪电刷子绘制的图形效果。

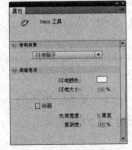

图 3.4.23　"闪电刷子"属性面板　　　　图 3.4.24　使用闪电刷子绘图效果

3.4.11 粒子系统

使用粒子系统效果可以创建火、烟、水、气泡等粒子动画。在"Deco 工具"属性面板中的"绘制效果"下拉列表中选择 粒子系统 ▼ 选项，其属性面板如图 3.4.25 所示。

其面板中的各选项含义介绍如下：

（1）粒子 1：可以分配两个元件用做粒子，此选项其中的第 1 个。如果未指定元件，将使用一个黑色的小正方形。

（2）粒子 2：此选项是第 2 个可以分配用做粒子的元件。

（3）总长度：用于设置从当前帧开始，动画的持续时间（以帧为单位）。

（4）粒子生成：用于设置在其中生成粒子的帧的数目。如果帧数小于 总长度：属性，则该工具会在剩余帧中停止生成新粒子，但是已生成的粒子将继续添加动画效果。

（5）每帧的速率：用于设置每个帧生成的粒子数。

（6）寿命：用于设置单个粒子在舞台上可见的帧数。

（7）初始速度：用于设置每个粒子在其寿命开始时移动的速度。速度单位是像素/帧。

（8）初始大小：用于设置每个粒子在其寿命开始时的缩放。

（9）最小初始方向：用于设置每个粒子在其寿命开始时可能移动方向的最小范围。测量单位是度。零表示向上；90 表示向右；180 表示向下，270 表示向左，而 360 还表示向上。允许使用负数。

（10）最大初始方向：用于设置每个粒子在其寿命开始时可能移动方向的最大范围。

（11）重力：当此数字为正数时，粒子方向更改为向下并且其速度会增加（就像正在下落一样）。如果重力是负数，则粒子方向更改为向上。

（12）旋转速率：应用到每个粒子的每帧旋转角度。

如图 3.4.26 所示为使用粒子系统的动画效果。

图 3.4.25 "粒子系统"属性面板

图 3.4.26 使用粒子系统效果

3.4.12 烟动画

使用烟动画效果可以创建程序化的逐帧烟动画。在"Deco 工具"属性面板中的"绘制效果"下拉列表中选择 烟动画 ▼ 选项，其属性面板如图 3.4.27 所示。

其面板中的各选项含义介绍如下：

（1）烟大小：用于设置烟的宽度和高度。数值越大，创建的火焰越大。

（2）**烟速**：用于设置动画的速度。数值越大，创建的烟越快。

（3）**烟持续时间**：用于设置动画过程中在时间轴中创建的帧数。

（4）**☑结束动画**：选中此复选框，可以创建烟消散而不是持续冒烟的动画。Flash 会在指定的烟持续时间后添加其他帧以造成消散效果。如果要循环播放完成的动画以创建持续冒烟的效果，请不要选择此选项。

（5）**烟色**：用于设置烟的颜色。

（6）**背景颜色**：用于设置烟的背景色。烟在消散后更改为此颜色。

如图 3.4.28 所示为使用烟动画的效果。

图 3.4.27　"烟动画"属性面板　　　　　　图 3.4.28　使用烟动画效果

3.4.13　树刷子

用户使用树刷子效果可以快速创建树状插图。在"Deco 工具"属性面板中的"绘制效果"下拉列表中选择 **树刷子** ▼ 选项，其属性面板如图 3.4.29 所示。利用此选项可以快速创建树状插图。

其面板中的各选项含义介绍如下：

（1）**白杨树** ▼：用于选择要创建的树的种类。

（2）**树比例**：用于设置树的大小。数值必须在 75～100 之间，数值越大，创建的树越大。

（3）**分支颜色**：用于设置树干的颜色。

（4）**树叶颜色**：用于设置叶子的颜色。

（5）**花/果实颜色**：用于设置花和果实的颜色。

如图 3.4.30 所示为使用树刷子绘制的图形效果。

图 3.4.29　"树刷子"属性面板　　　　　　图 3.4.30　使用树刷子绘图的效果

3.5 应用实例——绘制草坪

本节主要利用所学的知识绘制草坪，最终效果如图 3.5.1 所示。

图 3.5.1 最终效果图

操作步骤

（1）按 "Ctrl+N" 键，新建一个 Flash 文档，然后按 "Ctrl+J" 键，弹出 "文档设置" 对话框，设置其对话框参数，如图 3.5.2 所示。设置好参数后，单击 确定 按钮。

（2）选择菜单栏中的 窗口(W) → 颜色(C) 命令，在打开的颜色面板中设置填充色为 "#0AA9FF" 到 "#DBF6FF" 的线性渐变，笔触颜色为 "#996600"，如图 3.5.3 所示。

图 3.5.2 "文档设置" 对话框　　　　　　　　图 3.5.3 颜色面板

（3）单击工具箱中的 "矩形工具" 按钮，在舞台中绘制一个与舞台大小相等的矩形，效果如图 3.5.4 所示。

（4）单击工具箱中的 "渐变变形工具" 按钮，调整线性渐变色的角度和中心点位置，效果如图 3.5.5 所示。

图 3.5.4 绘制矩形　　　　　　　　图 3.5.5 调整渐变填充的角度和中心点位置

（5）单击工具箱中的"线条工具"按钮，在舞台中绘制 3 条直线，然后使用选择工具调整出线条的弧度，效果如图 3.5.6 所示。

（6）单击工具箱中的"颜料桶工具"按钮，分别将绘制的三块草坪填充为"#03CC02" "#97CD07"和"#039902"，效果如图 3.5.7 所示。

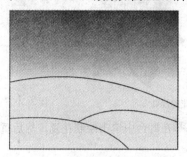

图 3.5.6　绘制草坪轮廓

图 3.5.7　填充草坪效果

（7）单击"线条工具"属性面板中的"自定义笔触样式"按钮，弹出"笔触样式"对话框，设置其对话框参数，如图 3.5.8 所示。设置好参数后，单击 确定 按钮。

（8）单击工具箱中的"墨水瓶工具"按钮，在绘制的草坪轮廓线上单击改变轮廓线的属性，效果如图 3.5.9 所示。

图 3.5.8　"笔触样式"对话框

图 3.5.9　绘制的草坪效果

（9）单击工具箱中的"多角星形工具"按钮，在其属性面板中单击 选项…… 按钮，弹出"工具设置"对话框，设置其对话框参数，如图 3.5.10 所示。

（10）设置好参数后，单击 确定 按钮，在舞台中绘制一个六角星形，然后使用选择工具调整出各个线条的弧度，效果如图 3.5.11 所示。

图 3.5.10　"工具设置"对话框

图 3.5.11　绘制的花轮廓

（11）使用选择工具选中舞台中绘制的花轮廓，在打开的颜色面板中设置填充色为"#FFFFFF"到"#F92184"的径向渐变，笔触颜色为"#FFFFFF""#F92184"到"#FFFFFF"的线性渐变，效果如图 3.5.12 所示。

（12）在打开的颜色面板中设置笔触颜色为"#97CD07"填充色为"#FFFFFF""#99CC00"到

"#F7F297"的径向渐变, 如图 3.5.13 所示。

图 3.5.12 填充花瓣效果

（13）设置好参数后, 使用工具箱中的刷子工具 在舞台中单击绘制花蕊, 然后重复步骤（7）的操作, 设置花蕊笔触的属性, 效果如图 3.5.14 所示。

图 3.5.13 设置花蕊颜色   图 3.5.14 绘制花蕊效果

（14）在打开的颜色面板中设置填充色为 "#66CC00" 到 "#669900" 的线性渐变, 然后使用刷子工具 绘制两片叶子, 再使用线条工具在绘制的叶子中间绘制一条填充色为 "#5A742B" 的弧形, 效果如图 3.5.15 所示。

（15）重复步骤（9）～（14）的操作, 绘制其他两个花朵, 并将其填充为不同的颜色, 效果如图 3.5.16 所示。

图 3.5.15 绘制的花朵   图 3.5.16 绘制的不同颜色花朵

（16）使用椭圆工具 在舞台中绘制一个大小为 "30×50" 的椭圆形, 然后按住 "Alt" 键向上拖曳出一个尖, 并使用线条工具在椭圆中绘制一条弧形, 效果如图 3.5.17 所示。

（17）在打开的颜色面板中设置填充色为 "#FDD3E4" 到 "#990000" 的线性渐变, 然后使用颜料桶工具填充花蕾图形, 并去除笔触的颜色, 效果如图 3.5.18 所示。

（18）使用椭圆工具在花蕾图形的下方绘制两个小椭圆, 然后按住 "Alt" 键使用选择工具调整出花托形状, 并使用颜料桶工具将其填充为 "#A6D279" 到 "#009900" 的径向渐变, 效果如图 3.5.19 所示。

图 3.5.17　绘制花蕾轮廓　　　　图 3.5.18　填充花蕾效果　　　　图 3.5.19　绘制的花蕾图形

　　（19）重复步骤（14）的操作，使用刷子工具和线条工具在舞台中绘制花蕾的树杆和叶子，并使用选择工具将绘制的花朵拖曳到舞台中，复制多个并调整花朵的颜色和大小，效果如图 3.5.20 所示。

　　（20）按"Ctrl+R"键，在舞台中导入一幅蝴蝶图片，并将其拖曳至合适的位置，效果如图 3.5.21 所示。

图 3.5.20　移动并复制花朵　　　　　　　　　图 3.5.21　导入蝴蝶图片

　　（21）单击工具箱中的"椭圆工具"按钮，按住"Shift"键在舞台中绘制一个太阳图形，最终效果如图 3.5.1 所示。

本 章 小 结

　　本章主要介绍了 Flash CS5 中图形的绘制与色彩填充，包括基本绘图工具、路径工具、颜色填充工具以及 Deco 工具的使用方法与技巧。通过本章的学习，用户应熟练使用这些工具绘制出精美的图形对象。

实 训 练 习

一、填空题

　　1．在 Flash CS5 中，使用_____工具可以绘制多边形和星形。

　　2．在 Flash CS5 中，使用_____工具可以绘制各种圆和扇形。

　　3．在颜色面板的"类型"下拉列表中有_____、_____、_____和_____，通过它们可以实现各种各样的色彩变换效果。

　　4．_____工具主要用于获取已存在线条、文本、矢量图或位图的属性。

　　5．_____工具主要用于填充封闭图形的内部区域，也可用于填充不封闭区域，但此时需要通过空隙模式设置填充空隙的大小。

二、选择题

1. 使用矩形工具和椭圆工具绘制正方形和圆形时须按住（　）键。

　　（A）Alt　　　　　　　　　　　　（B）Shift

　　（C）Ctrl　　　　　　　　　　　　（D）Tab

2. 使用铅笔工具绘制平滑的线条时，应该选择（　）模式。

　　（A）伸直　　　　　　　　　　　　（B）平滑

　　（C）墨水　　　　　　　　　　　　（D）以上皆是

3. 如果要使用椭圆工具绘制圆形，只须在绘制的同时按住（　）键即可。

　　（A）Ctrl　　　　　　　　　　　　（B）Alt

　　（C）Shift　　　　　　　　　　　　（D）Shift+Alt

4. 在 Flash CS5 中，如果要擦除舞台中的所有对象，可（　）工具箱中的橡皮擦工具。

　　（A）单击　　　　　　　　　　　　（B）双击

　　（C）拖曳　　　　　　　　　　　　（D）全错

三、简答题

1. 如何使用钢笔工具绘制平滑的曲线？

2. 简述喷涂刷工具的使用方法。

3. 简述 Deco 工具的功能。

四、上机操作题

1. 绘制任意一条路径，使用本章所学的知识对其进行锚点的添加、删除和转换操作。

2. 练习使用 Deco 工具绘制一幅田园景色墙纸。

第 4 章 对象的编辑

对象是 Flash 文档的基本元素，各种图形、线条和元件等都是对象，用户可以对它们进行选择、移动、复制和删除等基本操作，也可以对其进行变形、对齐、分离、组合等特殊操作，使绘制的对象更加完美。

知识要点

- ⊕ 选择对象
- ⊕ 控制对象位置与大小
- ⊕ 变形对象
- ⊕ 3D 变形
- ⊕ 调整图形形状
- ⊕ 编辑对象

4.1 选 择 对 象

在 Flash CS5 中提供了多种选择对象的方法，主要使用选择工具和套索工具对舞台中的对象进行选取操作，下面对其进行具体介绍。

4.1.1 选择工具

选择工具的主要功能是选取对象。如果选取的对象是线条和图形，它们将以网格显示，如图 4.1.1 所示；如果选取的对象是组、实例和文本块，对象上将显示淡蓝色的实线框，如图 4.1.2 所示。

图 4.1.1 以网格方式显示

图 4.1.2 以淡蓝色的实线框显示

使用选择工具可以选择一个对象、多个对象或对象的一部分。若要选择单个对象，则在选择工具箱中的选择工具 后，直接单击要选择的对象即可；若要选择多个对象，可以在按住"Shift"键的同时，依次单击要选择的对象即可；若要选择对象的一部分，可以先按住鼠标左键不放，然后拖动鼠标，用拖曳出的矩形框来进行选择，如图 4.1.3 所示。

选择单个对象　　　　　选择多个对象　　　　　选择对象的一部分

图 4.1.3　使用选择工具选择对象

4.1.2　套索工具

使用套索工具可以框选任意形状的选取范围。它的附加选项还包含适用于位图的"魔术棒工具"按钮 ，使用户可以选取分离后的位图图像。最下方的"多边形模式"按钮 ，使用用户能以直线构成不规则形状的选框来选取图形对象，如图 4.1.4 所示。

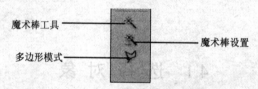

图 4.1.4　套索工具的附加选项

（1）"魔术棒工具"按钮 ：单击该按钮，进入魔术棒模式选取对象，该模式用于选取与单击鼠标处颜色相同及相近的区域。方法为移动鼠标指针到对象上，当其呈现 形状时，单击鼠标左键即可，如图 4.1.5 所示。

图 4.1.5　在魔术棒模式下选择不规则区域

（2）"魔术棒设置"按钮 ：单击该按钮，将弹出"魔术棒设置"对话框，用户可以在其对话框内设置魔术棒的属性，如图 4.1.6 所示。

1）阈值(T)：设置色彩容差度，输入的数值越大，选取的相邻区域范围就越大。

提示： 在 阈值(T) 文本框中可以输入 0～200 之间的整数。阈值是用来设置相邻像素在所选区域内必须达到的颜色接近程度，数值越大，包含的颜色范围就越广，如果输入数值"0"，则只选择与单击第一个像素的颜色完全相同的像素。

2）平滑(S)：设置选择区域边缘的平滑度，有像素、粗略、一般和平滑 4 个选项，如图 4.1.7 所示。

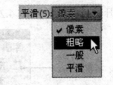

图 4.1.6　"魔术棒设置"对话框　　　　图 4.1.7　"平滑"下拉列表

（3）"多边形模式"按钮 ：单击该按钮，将进入多边形模式。多边形模式用于对不规则图形进行比较精确的选取。在该模式下，移动鼠标指针到图形上，当其呈现 形状时，先移动鼠标并连续单击，绘制封闭图形，然后双击鼠标左键即可选择一个区域，如图 4.1.8 所示。

图 4.1.8　在多边形模式下选择不规则区域

4.2　控制对象位置与大小

制作 Flash 动画时，如果舞台中对象的位置或大小不符合需要，可以在选择对象后，使用属性面板或信息面板来控制图形对象的位置与大小。

4.2.1　使用属性面板控制对象

使用选择工具选中舞台中需要调整的对象后，在工作界面右侧的属性面板中将显示出所选对象的当前位置和大小，用户可以通过在 X: 和 Y: 文本框中输入新的数值来精确定位对象的位置；也可以通过在 宽: 和 高: 文本框中输入新的数值来设置对象的大小，如图 4.2.1 所示。

图 4.2.1　使用属性面板控制对象效果

4.2.2　使用信息面板控制对象

与属性面板一样，信息面板也可用于精确地定位和控制对象大小，选择菜单栏中的 窗口(W) →

信息(I) 命令，打开信息面板，如图 4.2.2 所示。

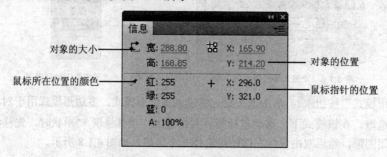

对象的大小
高：168.85
宽：288.80
X：165.90
Y：214.20
对象的位置

鼠标所在位置的颜色
红：255
绿：255
蓝：0
A：100%
X：296.0
Y：321.0
鼠标指针的位置

图 **4.2.2** 信息面板

在默认情况下，X: 文本框中的数值表示所选对象最左端相对于舞台左上角的水平距离，Y: 文本框中的数值表示所选对象最上端相对于舞台左上角的垂直距离。若要使用信息面板移动对象，在选取对象后，直接在 X: 和 Y: 文本框中输入新的数值即可。

4.3 变 形 对 象

在 Flash CS5 中，用户不仅可以使用任意变形工具对选中的图形对象进行各种变形，还可以使用变形面板等对其进行变形操作，下面对其进行具体介绍。

4.3.1 使用任意变形工具变形对象

选择工具箱中的任意变形工具 后，在该工具选项区中将出现其附加选项，包括旋转与倾斜、缩放、扭曲和封套，通过它们可以对选择的对象进行各种变形。

1．调整对象中心点的位置

在 Flash 中，所有图形都有其中心点。对所选对象进行变形时，在对象的中心会出现一个变形中心点。默认情况下，图形的变形中心点与图形的中心点对齐，用户要移动变形中心点的位置，只要单击变形中心点并拖动即可，如图 4.3.1 所示。

图 **4.3.1** 移动变形中心点的位置

在图形变形中心点的位置被移动后，此时，如果对图形进行变形操作，则以新的变形中心点为中心进行变形操作，如图 4.3.2 所示。

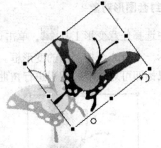

以原变形中心点旋转　　　　　　　　以新的变形中心点旋转

图 4.3.2　调整变形中心点位置前后所做的旋转操作

2．缩放、旋转和倾斜对象

在工具箱中选择任意变形工具，单击该工具选项区中的"缩放"按钮，此时所选图形对象周围将显示一个有 8 个控制点的变形框。将鼠标指针移到变形控制框上的任意一个角点上，指针会变成　　形状，此时按住鼠标左键不放，沿着箭头方向拖动鼠标，即可对图形进行等比例缩放，如图 4.3.3 所示。

图 4.3.3　等比例缩放图形

提示：如果要等比例缩放图形对象，可在按住"Shift"键的同时，拖动变形控制点缩放图形。

在工具箱中选择任意变形工具，单击该工具选项区中的"旋转与倾斜"按钮，此时所选图形对象周围将显示一个有 8 个控制点的变形框。将鼠标指针移到变形控制框上的任意一个角点上，当指针变成　　形状时，拖动鼠标即可对选中的图形进行旋转；将鼠标指针移到变形控制框任意一边的中点上，当指针变为　　或　　形状时，拖动鼠标即可对选中的图形进行垂直方向或水平方向的倾斜，如图 4.3.4 所示。

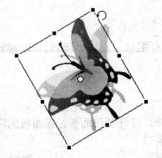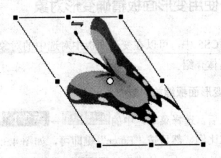

图 4.3.4　旋转和倾斜对象

3. 扭曲与封套图形对象

在工具箱中选择任意变形工具 ，单击该工具附加选项区中的"扭曲"按钮 ，此时所选图形对象周围将显示一个有 8 个控制柄的变形框。将鼠标指针移到任意一个变形控制点上，当指针变为 ▷ 形状时，拖动鼠标即可对选中的图形进行扭曲，如图 4.3.5 所示。

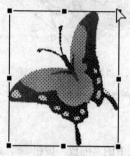

图 4.3.5 扭曲图形

注意：扭曲的对象必须是图形，在扭曲文本和位图之前，必须选择 修改(M) → 分离(K) 命令或按 "Ctrl+B" 键将它们分离成图形。

在工具箱中选择任意变形工具 ，单击该工具选项区中的"封套"按钮 ，此时所选图形对象周围将显示封套控制框。通过拖动封套控制框上的控制点及切线手柄可改变封套的形状，封套内的图形也随之改变，如图 4.3.6 所示。

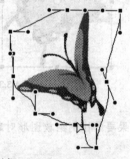

图 4.3.6 封套对象

技巧：将鼠标指针移到圆形封套控制点处单击并拖动，可使封套控制框进行 "S" 变形；将鼠标指针移到方形封套控制点处单击并拖动，可使封套控制框凹进或凸出。

4.3.2 使用变形面板精确变形对象

在 Flash CS5 中，可以在变形面板中对选中的对象进行缩放、旋转、倾斜、3D 旋转等操作，下面对其进行具体介绍。

1. 使用变形面板缩放对象

选取对象后，选择菜单栏中的 窗口(W) → 变形(T) 命令，打开变形面板，在面板的 或 文本框中设置缩放比例，然后按 "Enter" 键即可，如图 4.3.7 所示。

如果在缩放时单击"约束"按钮 ，当按钮变为 状态时，则需要分别在 和 文本框中输入缩放比例，此时，可以输入不同的数值，对对象进行非等比例缩放。

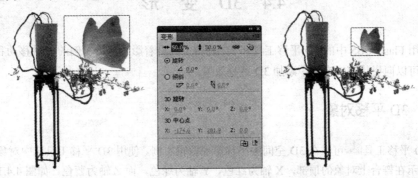

图 4.3.7　使用变形面板等比例缩放位图

2. 使用变形面板旋转对象

旋转对象指将对象沿着中心点进行旋转。选取对象后，选择 窗口(W) → 变形(T) 命令，打开变形面板，选中 ⊙ 旋转 单选按钮，在其后的文本框中输入 0°～360° 或-1°～-360° 之间的数值，然后按"Enter"键，即可沿顺时针或逆时针方向旋转对象，如图 4.3.8 所示。

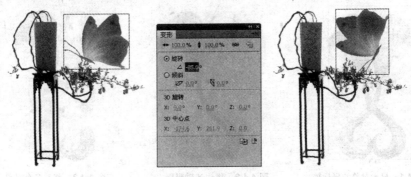

图 4.3.8　使用变形面板旋转对象

注意： 在使用变形面板旋转对象之前，也可以改变对象的中心点，再进行旋转操作。

3. 使用变形面板倾斜对象

倾斜对象是一种常见的变形方法。选取对象后，选择 窗口(W) → 变形(T) 命令，打开变形面板，选中 ⊙ 倾斜 单选按钮，在 ⫣ 或 ⫨ 文本框中输入倾斜角度，然后按"Enter"键即可在水平或垂直方向上倾斜对象，如图 4.3.9 所示。

图 4.3.9　使用变形面板倾斜对象

4.4 3D 变形

通过使用 Flash CS5 中的 3D 平移工具和 3D 旋转工具沿着影片剪辑实例的 Z 轴移动和旋转影片剪辑实例，可以向影片剪辑实例中添加 3D 透视效果。

4.4.1 3D 平移对象

使用 3D 平移工具 可以在 3D 空间中平移影片剪辑实例。使用 3D 平移工具选中对象后，X，Y 和 Z 轴将显示在舞台上对象的顶部，X 轴为红色、Y 轴为绿色，而 Z 轴为蓝色，如图 4.4.1 所示。当鼠标指针移动到相应的轴上时，可以看到指针上标示的 X，Y 或 Z，在相应的轴上拖曳鼠标，即可移动对象，如图 4.4.2 所示。

也可以在属性面板中的 3D 定位和查看 选项区中输入 X，Y 或 Z 值来改变对象的位置。当使用选择工具在舞台中选中多个影片剪辑时，可以使用 3D 平移工具移动其中一个选定对象，其他对象将以相同的方式移动，如图 4.4.3 所示。

图 4.4.1 显示对象的坐标轴   图 4.4.2 移动 X 轴坐标   图 4.4.3 移动多个对象

4.4.2 3D 旋转对象

使用 3D 旋转工具 可以在 3D 空间中旋转影片剪辑实例。使用 3D 旋转工具选中对象后，X，Y 和 Z 轴将显示在舞台上对象的顶部，红色直线为水平轴 X、绿色直线为垂直轴 Y、蓝色圆形为纵深轴 Z，最外层橙色圆形表示可以同时绕 X，Y 和 Z 轴自由旋转，效果如图 4.4.4 所示。

 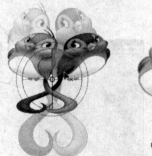 

图 4.4.4 3D 旋转对象效果

4.5 调整图形形状

在 Flash CS5 中，调整图形形状能够改善和优化对象质量，通过这些效果处理后往往在细节方面使对象更加完美。

4.5.1 平滑与伸直图形

平滑命令可以使曲线变得平滑柔和，美化图形，减少曲线整体方向上的突起或其他变化，同时还会减少曲线中的线段数。使用伸直命令可以使绘制好的曲线变成直线，它同样也可以减少图形中的线条数。其具体使用方法介绍如下：

（1）使用选择工具 选中如图 4.5.1 所示的图形。

（2）选择菜单栏中的 修改(M) → 形状(P) → 高级平滑(S)... 命令，或单击工具箱中的"平滑"按钮 ，反复单击可加强平滑的效果，如图 4.5.2 所示。

（3）选择菜单栏中的 修改(M) → 形状(P) → 高级伸直(T)... 命令，或单击工具箱中的"伸直"按钮 ，反复单击可强化伸直效果，如图 4.5.3 所示。

图 4.5.1 选中图形

图 4.5.2 平滑效果

图 4.5.3 伸直效果

4.5.2 优化图形

优化命令通过减少图形线条和填充区域边的数量来使图形曲线变得更加平滑柔和，并且能够减小 Flash 文档和导出 Flash 影片的大小。优化命令的使用方法如下：

（1）使用选择工具 选中要优化的对象，如图 4.5.4 所示。

（2）选择菜单栏中的 修改(M) → 形状(P) → 优化(O)... 命令，弹出"优化曲线"对话框，如图 4.5.5 所示。

图 4.5.4 选中要优化的对象

图 4.5.5 "优化曲线"对话框

（3）通过拖动"最优化曲线"对话框中的  选项滑块，来指定平滑的程度。选中 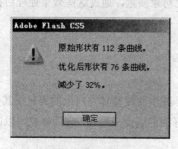 复选框，在优化完成后，系统将会弹出优化结果提示框，如图 4.5.6 所示。

（4）单击 确定 按钮，优化后的效果如图 4.5.7 所示。

图 4.5.6　优化结果提示框　　　　　　图 4.5.7　优化后的效果

4.6　编 辑 对 象

在 Flash CS5 动画创作中，可以使用多种命令对绘制的对象进行编辑操作，熟练地使用它们可以大大提高工作效率。

4.6.1　复制对象

在动画制作过程中，对需要重复使用的对象进行复制，可以大大减少重复性的工作。Flash CS5 提供了多种复制对象的方法，下面分别进行介绍。

1. 使用菜单命令

使用菜单命令复制对象的操作步骤如下：

（1）选择需要复制的对象。

（2）选择菜单栏中的 编辑(E) → 复制(C) 命令，将对象复制到剪贴板中。

（3）选择菜单栏中的 编辑(E) → 粘贴到中心位置(T) 命令，将剪贴板中的副本粘贴到舞台的中心位置；选择菜单栏中的 编辑(E) → 粘贴到当前位置(P) 命令，将副本粘贴到复制对象的原位置。

2. 使用快捷键

选中工具箱中的选择工具，然后在按住"Ctrl"键的同时，拖动所选对象到需要的位置，释放鼠标左键，可以复制该对象。其实 Flash CS5 还提供了其他快捷键或快捷键的组合辅助用户复制对象，例如"Alt"键、"Alt+Ctrl"键、"Shift+Alt"键、"Shift+Ctrl"键和"Shift+Alt+Ctrl"键，使用它们可以方便、快捷地复制对象，由于它们的操作方法与"Ctrl"键相同，这里就不再赘述。

3. 使用变形面板

用户还可以使用变形面板复制对象，操作步骤如下：

（1）选择菜单栏中的 窗口(W) → 变形(T) 命令，打开变形面板。

（2）选择需要复制的对象，在变形面板中设置副本相对于该对象的大小、角度和倾斜属性。

（3）单击面板右下方的"重置选区和变形"按钮 复制对象，并将变形操作应用于副本，效果如图 4.6.1 所示。

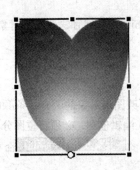

图 4.6.1　使用变形面板复制对象

4.6.2　组合对象

当舞台上有多个图形对象时，为了防止其相对位置发生变化，可以将它们组合以后再使用。如果要组合对象，可使用选择工具将需要组合的对象选中，然后选择 修改(M) → 组合(G) 命令，即可将选中的对象组合起来，此时，该组合对象被看做一个整体，可对其进行移动、缩放和旋转等操作，如图 4.6.2 所示。

图 4.6.2　组合图形对象

如果要将组合后的图形解组，可在菜单栏中选择 修改(M) → 取消组合(U) 命令分解图形对象。用户还可以编辑调整组合图形中的子对象，其具体操作方法如下：

（1）使用选择工具 选中组合后的图形。

（2）使用鼠标双击组合图形，进入组编辑状态，如图 4.6.3 所示。

（3）编辑组合图形中的子对象，如图 4.6.4 所示。

图 4.6.3　进入组编辑状态　　　　图 4.6.4　编辑组合图形

（4）单击 按钮即可返回到文档编辑状态，此时的组合对象已变成编辑后的对象，并再次成为一个整体。

技巧：按 "Ctrl+G" 键可以快速组合图形，按 "Ctrl+Shift+G" 键可快速解组对象。

4.6.3 分离对象

在 Flash CS5 中，如果要对图形进行一些统一的操作，例如更改图形对象的所有线条颜色，此时将对象分离可以加快操作的速度。若要使用套索工具的魔术棒模式编辑位图，必须将位图分离。分离位图的方法很简单，只需选中要分离的对象，然后选择菜单栏中的 修改(M) → 分离(K) 命令，或按 "Ctrl+B" 键即可将其对象分离，如图 4.6.5 所示。

图 4.6.5 分离对象

注意：分离对象时，经过多次组合的图像会位于组合次数比它少的图像上方，因此在分离后会覆盖组合次数比它少的图像重合的区域。

4.6.4 合并对象

在 Flash CS5 中绘制图形时，有两种绘图模式，一种是合并绘制模式，另一种是对象绘制模式。在对象绘制模式下绘制的多个图形对象，可以利用 Flash CS5 中的合并对象功能，对绘制的图形进行联合、交集以及打孔等合并编辑，从而绘制出各种形状的图形。

1. 联合

使用联合命令，可以将两个或多个图形对象合并成单个图形对象。选择 修改(M) → 合并对象(O) → 联合 命令，可将合并绘制模式下绘制的矢量线条和图形转换成单个对象，效果如图 4.6.6 所示。

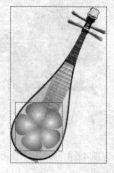

图 4.6.6 应用联合命令的效果

2．交集

使用交集命令，可以创建两个或多个对象交集的对象。选择 修改(M) → 合并对象(O) → 交集 命令，将只保留两个或多个图形对象相交的部分，并将其合成为单个图形对象，效果如图 4.6.7 所示。

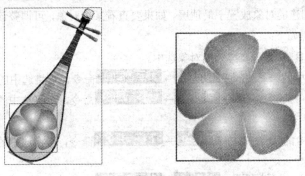

图 4.6.7 应用交集命令的效果

3．打孔

使用打孔命令，可以删除所选对象的某些部分，这些部分由所选对象与排在所选对象前面的另一个所选对象的重叠部分来定义。其方法为选择菜单栏中的 修改(M) → 合并对象(O) → 打孔 命令，效果如图 4.6.8 所示。

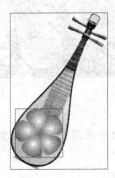 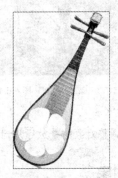

图 4.6.8 应用打孔命令的效果

4．裁切

使用裁切命令，可以使用某一对象的形状裁切另一对象，前面或最上面的对象定义裁切区域的形状。其方法为选择菜单栏中的 修改(M) → 合并对象(O) → 裁切 命令，效果如图 4.6.9 所示。

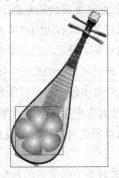 

图 4.6.9 应用裁切命令的效果

4.6.5 排列对象

在 Flash 中，系统会自动将用户在同一层中创建的对象按照先后顺序层叠放置，最先创建的对象放置于最底层，最后创建的对象放置于最顶层。如果要查看某个对象，可调整该对象的叠放顺序来进行查看，具体操作步骤如下：

（1）使用选择工具 将需要排列的对象选中。

（2）选择菜单栏中的 修改(M) → 排列(A) → 移至顶层(F) 命令，可将选中的对象移至顶层。

（3）选择菜单栏中的 修改(M) → 排列(A) → 上移一层(R) 命令，可将选中的对象在原叠放位置的基础上上移一层。

（4）选择菜单栏中的 修改(M) → 排列(A) → 下移一层(E) 命令，可将选中的对象在原叠放位置的基础上下移一层。

（5）选择菜单栏中的 修改(M) → 排列(A) → 移至底层(B) 命令，可将选中的对象移至底层。

如图 4.6.10 所示为使所选对象移至顶层的排列效果。

图 4.6.10　将对象移至顶层效果

 注意：调整对象的叠放顺序时，只限于调整舞台中同一层中的对象。

4.6.6 对齐对象

用户可以将舞台中的对象在水平方向上左对齐、水平居中对齐和右对齐；在垂直方向上上对齐、垂直居中对齐和底对齐。选择菜单栏中的 窗口(W) → 对齐(G) 命令，打开对齐面板，如图 4.6.11 所示。

（1）单击"左对齐"按钮 ，可使选中的对象以所选对象中最左边的对象为基准对齐。

（2）单击"水平中齐"按钮 ，可使选中的对象以所选对象集合的垂直中线为基准对齐。

（3）单击"右对齐"按钮 ，可使选中的对象以所选对象中最右边的对象为基准对齐。

（4）单击"顶对齐"按钮 ，可使选中的对象以所选对象中最上边的对象为基准对齐。

（5）单击"垂直中齐"按钮 ，可使选中的对象以所选对象集合的水平中线为基准对齐。

（6）单击"底对齐"按钮 ，可使选中的对象以所选对象中最下边的对象为基准对齐。

（7）单击"顶部分布"按钮 ，可使选中的对象以所选对象中最上边的对象为基准等距离分布。

（8）单击"垂直居中分布"按钮 ，可使选中的对象以所选对象集合的垂直中心线为基准等距离分布。

（9）单击"底部分布"按钮 ，可使选中的对象以所选对象中最下边的对象为基准等距离分布。

（10）单击"左侧分布"按钮 ，可使选中的图形对象以所选对象中最左边的对象为基准等距离分布。

（11）单击"水平居中分布"按钮 ，可使选中的对象以所选对象集合的水平中心线为基准等距离分布。

（12）单击"右侧分布"按钮 ，可使选中的图形对象以所选对象中最右边的对象为基准等距离分布。

（13）单击"匹配宽度"按钮 ，可使选中的对象以所选对象中最宽的对象为基准，调整其他对象的宽度。

（14）单击"匹配高度"按钮 ，可使选中的对象以所选对象中最高的对象为基准，调整其他对象的高度。

（15）单击"匹配宽和高"按钮 ，可使选中的对象以所选对象中最高、最宽的对象为基准，调整其他对象的宽度和高度。

（16）单击"垂直平均间隔"按钮 ，可使选中的对象垂直间隔相等。

（17）单击"水平平均间隔"按钮 ，可使选中的对象水平间隔相等。

如图 4.6.12 所示为使所选对象垂直中齐并水平居中分布效果。

图 4.6.11　对齐面板　　　　　图 4.6.12　应用对齐对象效果

注意： 在对齐面板中选中  复选框，可使选中的对象以舞台的 4 条边线为基准对齐、分布、匹配尺寸和调整间隔。

4.7　应用实例——绘制雪人

本节主要利用所学的知识绘制雪人，最终效果如图 4.7.1 所示。

图 4.7.1　最终效果图

操作步骤

（1）按"Ctrl+N"键，新建一个 Flash 文档，然后按"Ctrl+J"键，弹出"文档设置"对话框，设置其对话框参数，如图 4.7.2 所示。设置好参数后，单击 确定 按钮。

（2）选择菜单栏中的 窗口(W) → 颜色(C) 命令，在打开的颜色面板中设置填充类型为"径向渐变"，设置第一个色标值为"#FFFFFF"、第 2 个色标值为"#E2E8F1"，然后使用椭圆工具在舞台中绘制如图 4.7.3 所示的 3 个椭圆。

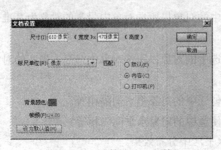 

图 4.7.2　"文档设置"对话框　　　　　　图 4.7.3　绘制 3 个椭圆

（3）在打开的颜色面板中设置填充类型为"线性渐变"，设置第一个色标值为"#F4A93A"、第 2 个色标值为"#853A00"、第 3 个色标值为"#C97502"。

（4）使用工具箱中的矩形工具 □ 在舞台中绘制两个矩形，然后使用任意变形工具 ▥ 对其进行旋转，并调整其位置，效果如图 4.7.4 所示。

（5）使用选择工具选中雪人的右胳膊，然后单击鼠标右键，在弹出的快捷菜单中选择 移至底层(B) 命令，将右胳膊移至身体的下方。

（6）设置笔触颜色为"#FFFF00"、填充色为"#B11228"，使用工具箱中的钢笔工具和线条工具绘制雪人的围巾，然后按"Ctrl+G"键对其进行组合，效果如图 4.7.5 所示。

图 4.7.4　绘制雪人胳膊　　　　　　图 4.7.5　绘制围巾

（7）使用工具箱中的椭圆工具 ⬭ 在舞台中绘制一个椭圆，然后使用选择工具和部分选择工具将其调整为手套的形状。

（8）使用矩形工具在舞台中绘制手套的手腕部分，并使用选择工具调整其弧度，然后将其组合，效果如图 4.7.6 所示。

（9）使用选择工具选中组合后的手套图形，然后选择菜单栏中的 编辑(E) → 复制(C) 命令，将对象复制到剪贴板中。

（10）选择菜单栏中的 编辑(E) → 粘贴到当前位置(P) 命令，将复制的手套副本粘贴到复制对象的原位置。

（11）选择菜单栏中的 修改(M) → 变形(T) → 水平翻转(H) 命令，对手套副本进行水平翻转，并将其移至合适的位置，效果如图4.7.7所示。

图4.7.6 绘制手套

图4.7.7 复制并变形手套效果

（12）在打开的颜色面板中设置其属性参数，如图4.7.8所示，然后使用椭圆工具在舞台中绘制雪人的眼睛，效果如图4.7.9所示。

图4.7.8 设置眼睛颜色

图4.7.9 绘制眼睛

（13）使用工具箱中的椭圆工具和选择工具在舞台中绘制雪人的鼻子，其中设置第一个色标值为"#FFCC33"、第2个色标值为"#E17A2A"，绘制的效果如图4.7.10所示。

（14）使用工具箱中的刷子工具 在舞台中绘制雪人鼻子上的小点和嘴，效果如图4.7.11所示。

图4.7.10 绘制鼻子

图4.7.11 绘制雪人的嘴

（15）设置笔触颜色为"#FFFF00"、填充色为"#B11228"，使用工具箱中的椭圆工具 和线条工具 在舞台中绘制雪人的帽子，效果如图4.7.12所示。

（16）设置笔触颜色为"#FFFF00"、高度为"2"，使用工具箱中的线条工具 在舞台中绘制一条直线。

（17）选择菜单栏中的 窗口(W) → 变形(T) 命令，在打开的变形面板中单击"重置选区和变形"按钮 ，复制一个直线副本，然后设置其旋转角度为"30"，再单击 按钮4次，复制并旋转副本，效果如图4.7.13所示。

图 4.7.12　绘制帽子

图 4.7.13　复制并旋转副本

（18）使用选择工具框选绘制的线条，然后按"Ctrl+G"键对其进行组合，再使用任意变形工具缩小组合后的图形。

（19）按住"Alt"键，在舞台中拖曳出两个副本图形，然后将其移至合适的位置，效果如图 4.7.14 所示。

（20）按"Ctrl+R"键，在舞台中导入一幅如图 4.7.15 所示的雪景图。

图 4.7.14　绘制帽子上的小花

图 4.7.15　导入位图

（21）选择菜单栏中的 窗口(W) → 对齐(G) 命令，在打开的对齐面板中单击"水平中齐"按钮 和"垂直中齐"按钮 ，将导入的位图居中于舞台中心位置。

（22）选择菜单栏中的 修改(M) → 排列(A) → 移至底层(B) 命令，将选中的位图移至底层，最终效果如图 4.7.1 所示。

本 章 小 结

　　本章主要介绍了图形对象的编辑方法与技巧，包括图形对象的选择、对象位置与大小、变形对象、3D 变形、调整图形形状以及编辑对象等内容。通过本章的学习，读者应熟练掌握各种对象的编辑方法与技巧。

实 训 练 习

一、填空题

1. 在 Flash CS5 中，_____主要用于选择图形中颜色相同或相近的区域。

2. 按_____快捷键，可将复制的对象粘贴到舞台的中心位置。

3. 按住_____键，在舞台中拖动选中的对象，释放鼠标后可以直接复制该对象。

4. 要使图形的曲线变得柔和，可利用_____、_____或_____命令。

5. 利用合并对象中的_____命令，可以将两个或多个图形对象合并成单个图形对象。

二、选择题

1. 选择对象后，按（　）键可以将该对象从舞台中删除。

　　（A）Delete　　　　　　　　　　（B）Back Space

　　（C）Shift+Delete　　　　　　　（D）Alt+Delete

2. 在 Flash CS5 中，按（　）键可以打开变形面板。

　　（A）Ctrl+T　　　　　　　　　　（B）Ctrl+O

　　（C）Alt+T　　　　　　　　　　（D）Shift+ Alt

3. 在 Flash CS5 中，按（　）键可以分离对象。

　　（A）Ctrl+K　　　　　　　　　　（B）Ctrl+G

　　（C）Ctrl+B　　　　　　　　　　（D）Ctrl+T

4. 在 Flash CS4 中，可将对象按（　）种方式对齐。

　　（A）5　　　　　　　　　　　　　（B）6

　　（C）7　　　　　　　　　　　　　（D）8

三、简答题

1. 简述如何复制、粘贴与删除对象。

2. 简述如何使用任意变形工具对图像进行变形。

3. 简述如何对对象进行组合和分离。

四、上机操作题

1. 导入一幅位图，对其进行选取、移动、分离和变形等操作。

2. 利用本章所学的知识，绘制一个魔方图形。

第 5 章　文本的输入与编辑

文本是 Flash 动画中的重要组成部分，无论是教学课件、MIV 还是网页广告都会用到文本。在 Flash CS5 中可以输入文本，还可以为文本添加各种特殊效果，也可以利用文本进行交互输入等。

知识要点

- ➤ 文本工具简介
- ➤ 创建文本
- ➤ 设置文本属性
- ➤ 文本的其他特性

5.1　文本工具简介

单击工具箱中的"文本工具"按钮 T ，在舞台右侧的属性面板中将会显示对应的属性选项，如图 5.1.1 所示。用户可以使用新文本引擎——文本布局框架（TLF）向 Flash 文档添加文本，此文本是 Flash CS5 中默认的文本类型，原有的文本引擎成为传统文本的备选。新的 TLF 文本提升原有的文本、字符以及段落设置，添加更多文字段落处理效果，文本可以在多个文本容器中顺序排列，垂直文本、外语字符集、间距、缩进、列以及优质打印等方面都有所提升。此外，Flash CS5 还增加了 3D 旋转、色彩效果以及混合模式等属性直接处理文本，只需再进行影片剪辑元件的转换即可。

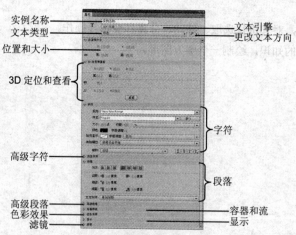

实例名称　文本类型　位置和大小　3D 定位和查看　高级字符　高级段落　色彩效果　滤镜　文本引擎　更改文本方向　字符　段落　容器和流　显示

图 5.1.1　"文本工具"属性面板

下面对各选项含义介绍如下：

（1） 实例名称 ：用于设置文本的名称，便于进行管理和识别。

（2） TLF 文本 ：在此下拉列表中有 TLF 文本和传统文本两种选项，默认情况下为 TLF 文本。

（3） 可选 ：TLF 文本的类型包括只读、可选和可编辑 3 种，每种文本类型都有它相关的选项。要对文本属性进行设置，必须先进行文本类型的设置。

1）**只读**：当作为 SWF 文件发布时，文本无法选中或编辑。

2）**可选**：当作为 SWF 文件发布时，文本可以选中并可复制到剪贴板，但不可以编辑。对于 TLF 文本此设置是默认设置。

3）**可编辑**：当作为 SWF 文件发布时，文本可以选中和编辑。

当使用传统文本时，文本类型下拉列表中将包括静态文本、动态文本以及输入文本 3 种类型，如图 5.1.2 所示。

1）**静态文本**：在默认情况下，使用文本工具创建的文本都是静态文本。静态文本在发布后用户不能对其进行任何修改。

2）**动态文本**：动态文本会随着文本服务器的输入而不断更新，使用户在作品完成后也可以改变其中的信息。

3）**输入文本**：创建影片时，有时需要创建用于输入文本的文本框，如常见的密码输入框等。

注意： TLF 文本无法用做遮罩，要使用文本创建遮罩，须使用传统文本。

(4）**⊨▼**：利用此下拉列表可以更改文字的方向，它包括**水平**和**垂直**两种形式。

(5）**▽ 位置和大小**：在此选项区中可以对文本框的位置、大小进行精确调整。

(6）**▽ 3D 定位和查看**：在此选项区中可以直接对文本进行 3D 效果编辑，编辑文本的 X，Y，Z 位置以及透视的宽和高，调整透视角度和高度，设置消失点的位置。

(7）**▽ 字符**：此选项区作为一个常用的编辑选项，它的主要设置对象为单个或成组字符的属性，包括对字体的序列、样式、嵌入方式、大小和颜色的设置，还有文本的行距、字距和锯齿的调整。

1）**系列**：用于设置字体的名称。TLF 文本仅支持 OpenType 和 TrueType 字体。

2）**样式**：用于设置字符的显示方式，包括粗体、斜体、仿粗体和仿斜体 4 种方式。选择 TLF 文本对象时不能使用仿斜体和仿粗体样式。

3）**嵌入...**：单击此按钮，将弹出如图 5.1.3 所示的"字体嵌入"对话框，用户可在此对话框中设置字体的嵌入方式。

图 5.1.2　"文本类型"下拉列表　　　　图 5.1.3　"字体嵌入"对话框

4）**大小**：用于设置字符的大小，字符大小以像素为单位。

5）**行距**：用于设置文本行之间的垂直间距。默认情况下，行距用百分比表示，但也可用点表示。

6）**% ▼**：在此下拉列表中提供了两种类型的 TLF 文本容器，点文本和区域文本。点文本容器的大小仅由其包含的文本决定，区域文本容器的大小与其包含的文本量无关，默认使用点文本。要将点文本容器更改为区域文本，可使用选择工具调整其大小或双击容器边框右下角的小圆圈。

7）**颜色**：用于设置文本的颜色。

8）**字距调整**：用于设置所选字符之间的间距。

9）**加亮显示**：用于加亮颜色。

10）**字距调整**：用于在特定字符对之间加大或缩小距离。TLF 文本使用字距调整选项（内置大多数字体内）自动调整字符字距。

11）**消除锯齿**：用于改变文本字体的呈现方式，当使用 TLF 文本时包括以下 3 种方式。

使用设备字体：指定 SWF 文件使用本地计算机上安装的字体来显示字体。通常设备字体采用大多数字体大小时都很清晰。此选项不会增加 SWF 文件的大小，但是，它强制用户依靠计算机上安装的字体来进行字体显示。使用设备字体时，应选择最常安装的字体系列。

可读性：用于创建高清晰的文本，即使在字号较小时也非常清晰。要对给定文本块使用此选项，须嵌入文本对象使用的字体。

动画：通过忽略对齐方式和字距调整选项来创建更平滑的动画。要对给定文本块使用此选项，须嵌入文本块使用的字体。

注意：由于使用"动画消除锯齿"呈现的文本在字号较小时显示不清晰，因此，建议用户在指定"动画消除锯齿"时使用 10 磅以上的字号。

当使用传统文本时，其消除锯齿下拉列表中包括 5 种方式，如图 5.1.4 所示。下面对新增的两种方式进行介绍。

位图文本 [无消除锯齿]：此选项用于关闭消除锯齿功能，不对文本进行平滑处理，而用尖锐边缘显示文本。

自定义消除锯齿：选择该选项，将弹出"自定义消除锯齿"对话框，用户可以在其中设置消除锯齿文本的粗细和清晰度，如图 5.1.5 所示。

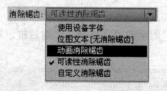

图 5.1.4 "消除锯齿"下拉列表　　　　图 5.1.5 "自定义消除锯齿"对话框

12）**旋转**：用户可以通过此选项旋转各个字符。为不包含垂直布局信息的字体指定旋转可能出现非预期的效果。旋转包括以下值：

自动：仅对全宽字符和宽字符指定 90°逆时针旋转，这是字符的 Unicode 属性决定的。此值通常用于亚洲字体，仅旋转需要旋转的那些字符。此旋转仅在垂直文本中应用，使全宽字符和宽字符回到垂直方向，而不会影响其他字符。

0°：强制所有字符不进行旋转。

270°：主要用于具有垂直方向的罗马字文本。如果对其他类型的文本（如越南语和泰语）使用此选项，可能会产生非预期的效果。

13）**T T' T₁**：下划线用于将水平线放在字符下；删除线用于将水平线置于从字符中央通过的位置；上标用于将字符移动到稍微高于标准线的上方并缩小字符；下标用于将字符移动到稍微低于标准线的下方并缩小字符。

（8）**▽ 高级字符**：此选项区是对文本的进一步设置，链接和目标用于文本超链接的设置；大小写、数字格式以及数字宽度等用于对文本中的字母、数字进行编辑；连字和间断是对字体的连写效果编辑；基准基线、对齐基线、基线偏移以及区域设置都是针对于亚洲文字选项的编辑。

（9）▽ **段落** ：此选项区用于对整个段落的基础编辑，包括对齐方式、字符边距、间距、缩进和文本对齐选项。

（10）▽ **高级段落** ：在此选项区中包括标点挤压、避头尾法则类型以及行距模型设置。标点挤压用于确定如何应用段落对齐，调整段落中的标点间距；避头尾法则类型用于处理日语中不能出现在行首和行尾的字符；行距模型是设置调整行距基准和行距方向组合的段落格式。

（11）▽ **容器和流** ：用于控制影响 TLF 文本的文本容器，包括行为、最大字符数、容器填充、首行线偏移和区域设置等。行为控制容器随文本增加而扩展的方式有单行、多行和不换行 3 种；最大字符数、文本与容器的对齐方式、首行线偏移可以调整容器的字符、对齐、首行对齐、列数和间距；填充用于调整文本与选定容器之间的边距；选定容器的边框和背景色彩可以自主选择；区域设置用于在流级别设置国家区域属性。

（12）▽ **色彩效果** ：此选项区用于调整容器和文本的色彩效果，包括亮度、色调、高级以及 Alpha 4 种色彩效果。

（13）▽ **显示** ：用于设置容器中文本的显示效果，包括一般、图层、正片叠底、滤色、差值以及反相等。

（14）▽ **滤镜** ：用于设置容器的显示效果，为容器添加投影、发光等滤镜效果。

5.2　创 建 文 本

文本是 Flash 动画中不可缺少的一部分，通过它能够准确、迅速地传递信息，因此，用户常常将其添加到 Flash 动画中，以便突出动画的主题。本节将主要介绍文本的创建方法与技巧。

5.2.1　创建静态文本

默认情况下，在 Flash CS5 中创建的文本为静态文本，而且文本被放在同一行，该行的长度会随着文本的输入逐渐扩展，并且文本框右上角有一个圆形手柄，表示该文本框为宽度可变的文本框（见图 5.1.2）。如果要创建固定宽度或固定高度的文本，可以采用以下方法：

（1）选择文本工具 T ，在舞台上单击鼠标并拖动，即可创建一个水平方向的文本框，且该文本框右上角有一个方形的控制手柄，表示该文本框的宽度是固定的，如图 5.2.1 所示。此时在该文本框中输入文本时，其宽度不变，当输入的文本超过其宽度时，则会自动转到下一行，如图 5.2.2 所示。

图 5.2.1　创建水平方向的矩形区域　　　　　图 5.2.2　创建固定宽度的文本

（2）选择文本工具 T ，单击其属性面板中的"改变文本方向"按钮 ，在弹出的下拉菜单

中选择 垂直，从左向右 命令，此时在舞台上单击鼠标并拖动，即可创建一个垂直方向的文本框，并且该文本框右下角有一个方形的控制手柄，表示该文本框的高度是固定的，如图 5.2.3 所示。在该文本框中输入文本时，其高度不变，当输入的文本超过其高度时，则会自动转到下一列，如图 5.2.4 所示。

图 5.2.3　创建垂直方向的矩形区域　　　　　　图 5.2.4　创建固定高度的文本

对于创建的文本框，可通过拖动其右上角或右下角的控制手柄，调整文本框的大小。如果创建的文本框为宽度可变的文本框，单击其右上角的圆形手柄并拖动，即可将其转换为固定宽度的文本框，如图 5.2.5 所示；如果创建的文本框为固定宽度的文本框，可双击其右上角的方形手柄，将其转换为宽度可变的文本框，此方法也可用于垂直方向的文本。

图 5.2.5　将宽度可变的文本框转换为固定宽度的文本框

5.2.2　创建动态文本和输入文本

在 Flash CS5 中不仅可以创建静态文本，而且可以创建动态文本和输入文本，其具体操作如下：

（1）在工具箱中选择文本工具 T，在属性面板的"文本类型"下拉列表中选择动态文本或输入文本，如图 5.2.6 所示，使用鼠标在舞台上单击，即可创建动态文本或输入文本。

（2）创建动态文本或输入文本时，无论是使用鼠标单击或单击并拖动，都可创建固定宽度的文本框，并且该文本框右下角有一个方形手柄，表示该文本框的宽度是固定的，如图 5.2.7 所示。

图 5.2.6　"文本类型"下拉列表　　　　图 5.2.7　创建动态文本

（3）如果要创建宽度可变的动态文本或输入文本，可以先创建宽度可变的静态文本，然后将属性面板中的文本类型更换为动态文本或输入文本，此时，即可将其转换为宽度可变的动态文本或输入文本，并且该文本框的右下角有一个圆形手柄，表示该文本框的宽度是可变的，如图 5.2.8 所示。

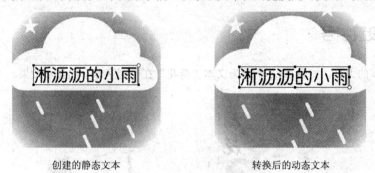

创建的静态文本　　　　　　　　　　　转换后的动态文本

图 5.2.8　将宽度可变的静态文本转换为宽度可变的动态文本

　注意：动态文本和输入文本只能为水平方向的文本。

5.3　设置文本的基本属性

创建文本后，可在其属性面板中设置文本的基本属性，包括设置字体、字号、样式、颜色、字符样式等。

5.3.1　设置字体

Flash CS5 提供了多种英文和中文字体供用户选择，如图 5.3.1 所示为文本"荷花"在不同字体下的显示效果。设置字体的操作步骤如下：

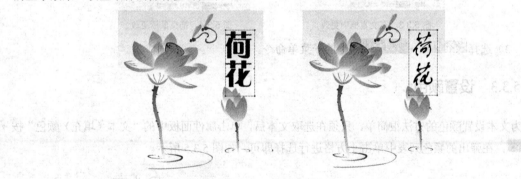

图 5.3.1　不同字体效果

（1）选择工具箱中的文本工具 T 。

（2）单击文本，进入编辑状态，选取需要设置字体的文本。

（3）然后执行下列操作之一。

1）单击 Times New Roman 右侧的小三角按钮 ，在弹出的下拉列表中进行选择。

2）选择 文本(T) → 字体(F) 命令的子菜单命令。

技巧：如果用户已经知道了字体的名称，还可以在下拉列表中直接输入。

5.3.2 设置字号

字号即文本的大小，如图 5.3.2 所示为文本"荷花"在不同字号下的显示效果。

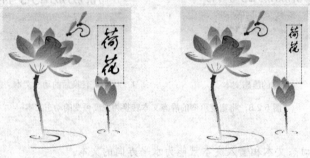

图 5.3.2 不同字号显示效果

设置字号的操作步骤如下：

（1）选择工具箱中的文本工具 $\boxed{T}$ 。

（2）单击文本，进入编辑状态，选取需要设置字号的文本。

（3）然后执行下列操作之一。

1）在属性面板的 大小: 文本框中输入一个介于 0～2 500 之间的数值，如图 5.3.3 所示。

2）直接将鼠标放在该文本框上，当鼠标变为 形状时，左右拖动鼠标即可改变文字的大小，如图 5.3.4 所示。

图 5.3.3 在文本框中更改

图 5.3.4 拖曳鼠标更改

3）选择 文本(T) → 大小(S) 命令的子菜单命令。

5.3.3 设置颜色

为文本设置颜色的方法很简单，只须在选取文本后，单击属性面板中的"文本（填充）颜色"按钮，在弹出的颜色列表中单击小方格进行选择即可，如图 5.3.5 所示。

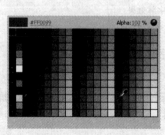

图 5.3.5 设置文本的颜色

技巧：也可以在颜色列表中输入颜色的十六进制值。

如果用户需要改变颜色的透明度，只要在颜色列表中的 Alpha: 文本框中输入数值即可，取值范围为 0～100%，如图 5.3.6 所示为文本"荷花"在不同透明度下的显示效果。

图 5.3.6 不同透明度下的显示效果

5.3.4 设置样式

样式指文本的显示方式，如图 5.3.7 所示为文本"Lotus"在不同样式下的显示效果。

斜体   黑体

图 5.3.7 不同样式下的显示效果

设置样式的操作步骤如下：

（1）选择工具箱中的文本工具 T 。

（2）单击文本进入编辑状态，选取需要设置样式的文本。

（3）在属性面板中的 样式: 右侧单击 ▼ 下拉按钮，弹出字体样式下拉列表，用户可将选取的文本设置为粗体和斜体等样式。

5.3.5 设置缩进

缩进确定了段落边界与首行文本之间的距离。对于水平文本，缩进将首行文本向右移动指定的距离，设置缩进的操作步骤如下：

（1）选择工具箱中的选择工具 ▶ 。

（2）单击文本，使其周围出现文本框。

（3）在属性面板中的 间距: 右侧的 ⁺≣ 0.0 像素 输入框中输入数值，可更改文本的缩进，如图 5.3.8 所示为输入数值 30。

图 5.3.8　更改文本的缩进

5.3.6　设置行距

行距确定了段落中相邻行之间的距离。设置水平文本行距的操作步骤如下：

（1）选择工具箱中的选择工具 。

（2）单击文本，使其周围出现文本框。

（3）在属性面板中的 行距: 右侧的 0.0 点 输入框中输入数值，可更改文本的行距，如图 5.3.9 所示为输入数值 20。

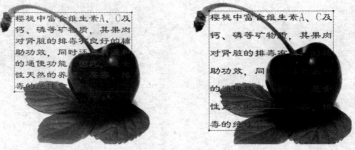

图 5.3.9　更改文本的行距

5.3.7　设置边距

边距确定了段落边界与文本框之间的距离。设置水平文本边距的操作步骤如下：

（1）选择工具箱中的选择工具 。

（2）单击文本，使其周围出现文本框。

（3）在属性面板中的 边距: 右侧的 0.0 像素 或 0.0 像素 输入框中输入数值，可更改文本的左边距或右边距，如图 5.3.10 所示为设置左、右边距为 20。

图 5.3.10　更改文本的左、右边距

5.4　文本的其他特性

文本还具有其他一些属性，例如对齐方式、字母间距、字符位置以及方向等，下面分别介绍它们的设置方法。

5.4.1　设置对齐方式

对齐方式确定了段落中每行文本相对于文本框的位置，Flash CS5 提供了以下 4 种对齐方式，下面对其进行具体介绍。

（1）"左对齐"按钮：单击该按钮，将文本以文本框的左边缘为基准对齐，该方式是默认的对齐方式。

（2）"居中对齐"按钮：单击该按钮，将文本以文本框的中央为基准对齐。

（3）"右对齐"按钮：单击该按钮，将文本以文本框的右边缘为基准对齐。

（4）"两端对齐"按钮：单击该按钮，将文本以文本框的左、右边缘为基准对齐。

如图 5.4.1 所示为 4 种对齐方式效果。

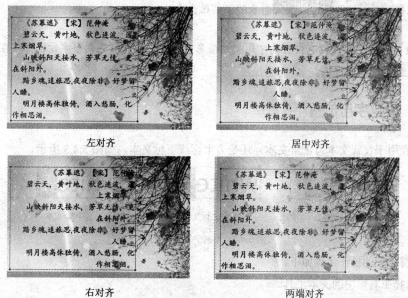

图 5.4.1　4 种对齐方式效果

注意：对于垂直文本，在属性面板中的对应按钮分别为"顶对齐"按钮，"居中对齐"按钮，"底对齐"按钮和"两端对齐"按钮。

5.4.2　设置字母间距

字母间距确定了文本之间的距离，如图 5.4.2 所示为文本"Dragonfly"在不同字母间距下的显示效果。

图 5.4.2 不同字母间距效果

设置字母间距的操作步骤如下：

（1）选择工具箱中的选择工具 。

（2）单击文本，使其周围出现文本框。

（3）然后执行下列操作之一。

1）在属性面板的 字母间距:0.0 文本框中输入数值，取值范围为-60～60。

2）直接将鼠标放在该文本框上，当鼠标变为 形状时，左右拖动鼠标改变字母的间距。

3）选择 文本(T) → 字母间距(L) 命令的子菜单命令。

技巧：许多字符拥有内置的字距微调信息，要使用这些信息调整字距，可以在属性面板中选中 ☑ 自动调整字距 复选框。

5.4.3　设置字符位置

字符位置用于设置文本为正常文本，还是为上标或下标文本，如图 5.4.3 所示。

正常文本　　　　　　　上标文本　　　　　　　下标文本

图 5.4.3 不同字符位置效果

设置字符位置的操作步骤如下：

（1）选择工具箱中的文本工具 T。

（2）单击文本进入编辑状态，选取需要设置字符位置的文本。

（3）在属性面板中单击"切换上标"按钮 T 或"切换下标"按钮 T₁，可将文本位置修改为上标或下标字符。

注意：对于垂直文本，单击 T 按钮，将把文本放在基线右边并缩小；单击 T₁ 按钮，将把文本放在基线左边并缩小。

5.4.4　设置文本的方向

在一般情况下，文本从左向右水平排列，如果要将文本从左向右或从右向左垂直排列，需要在选取文本后，单击属性面板中的"改变文本方向"按钮，在弹出的下拉列表中选择需要的选项，如图 5.4.4 所示为不同方向排列的文本效果。

水平排列

垂直排列

垂直，从左向右排列

图 5.4.4　不同方向排列的文本效果

5.4.5　设置文本超链接

在 Flash CS5 中，可以为文本设置超链接，用户单击该文本就可以跳转到其他网页。设置文本超链接的操作步骤如下：

（1）选中要设置超链接的文本。

（2）在属性面板的 **链接：** 文本框中输入完整的链接地址，例如 "http://hao123.com"，如图 5.4.5 所示。

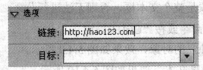
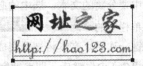

图 5.4.5　设置文本超链接

（3）在 **目标：** 下拉列表中选择链接网页的打开方式。若选择 _blank 选项，则会打开一个新的浏览器窗口显示超链接对象；若选择 _parent 选项，则会在当前窗口的父窗口中显示超链接对象；若选择 _self 选项，则会在当前窗口中显示超链接对象；若选择 _top 选项，则会在级别最高的窗口中显示超链接对象。

（4）按 "Ctrl+Enter" 键测试效果，如图 5.4.6 所示。

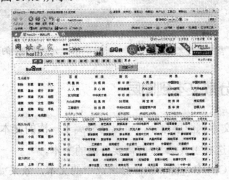

图 5.4.6　链接文本效果

注意： 在设置超链接时，只能为水平文本设置超链接。

5.4.6 分离文本

分离文本指将文本框中的每个字符迅速置于一个个单独的文本框中，如果将分离后的文本再次分换为组成它的线条和填充块，即转换为矢量图。

1. 分离字数等于 1 的文本

如果要分离的字数等于 1，选中要分离的单个文本，按"Ctrl+B"键一次，即可将文本彻底分离，效果如图 5.4.7 所示。

图 5.4.7　分离单个文本

2. 分离字数大于 1 的文本

如果分离的文本字数大于 1，其分离方法如下：

（1）首先选中要分离的文本，选中的必须是整个文本框，否则无法进行分离，如图 5.4.8 所示。

（2）选择菜单栏中的 修改(M) → 分离(K) 命令或按"Ctrl+B"键。

（3）按组合键一次后，文本将被分离成独立的对象，效果如图 5.4.9 所示。

（4）再次按"Ctrl+B"键后，即可彻底分离文本，效果如图 5.4.10 所示。

图 5.4.8　选中整个文本框　　　　图 5.4.9　分离成独立的对象　　　　图 5.4.10　彻底分离文本效果

5.4.7 分散文本到图层

使用分离文本到图层命令，可以将分离了一次的文本快速分散到不同的层中，操作步骤如下：

（1）使用选择工具 选取需要分离的文本。

（2）按"Ctrl+B"键一次，分离选中的文本，效果如图 5.4.9 所示。

（3）在第一次分离后的文本上单击鼠标右键，从弹出的快捷菜单中选择 分散到图层 命令，此时，文本层将相应地由一变多，并且在每层中都存有一个单字，时间轴面板如图 5.4.11 所示。

分散前　　　　　　　　　　　　　　　分散后

图 5.4.11　时间轴面板

5.4.8　查找与替换文本

在 Flash CS5 中，使用查找和替换功能可以查找和替换 Flash 文档中指定的对象，该对象包括文字、文本的字体以及文本的颜色等。

1. 查找和替换文本的内容

使用查找和替换功能，可以将文本中的字符串替换成用户输入的字符，具体操作步骤如下：

（1）在菜单栏中选择 编辑(E) → 查找和替换(F) 命令，弹出"查找和替换"对话框，如图 5.4.12 所示。该对话框中各选项的含义如下：

1）搜索范围：单击其右侧的下拉按钮，弹出搜索范围下拉列表。该列表包含两个选项，分别为当前文档和当前场景，用户可根据需要选择合适的选项设置查找范围。

2）类型：单击其右侧的下拉按钮，弹出"类型"下拉列表。该列表包含 7 个选项，分别为文字、字体、颜色、元件、声音、视频和位图，用户可根据需要选择相应的类型。

3）文本：当用户在"类型"下拉列表中选择"文字"选项时，可在该文本框中输入要查找的文本。

4）替换为：在该选项区中的 文本: 文本框中可输入用于替换现有文本的文本。

5）选中 ☑ 全字匹配 复选框，将指定文本字符串仅作为一个完整单词搜索，即查找到的文本必须和指定的文本完全匹配，该字符串两边可以由空格、引号或类似的标记进行限制。如果取消选中该复选框，则可以将指定文本作为某个较长单词的一部分来搜索，如单词 place 可作为单词 replace 的一部分来搜索。

6）选中 ☑ 区分大小写 复选框，在查找时将搜索与指定文本的大小写完全匹配的文本。

7）选中 ☑ 正则表达式 复选框，在动作脚本中查找和替换代码程序中的文本。

8）选中 ☑ 文本字段的内容 复选框，将在文本框中进行查找或替换。

9）选中 ☑ 帧/层/参数 复选框，将在文档或舞台中查找帧标签、图层名称、场景名称以及组件参数。

10）选中 ☑ ActionScript 中的字符串 复选框，将在文档或场景的 ActionScript 中查找字符串，但不搜索外部的 ActionScript 文件。

11）选中 ☑ ActionScript 复选框，将在文档自身的脚本中及链接的外部脚本文件中查找或替换。

12）选中 ☑ 实时编辑 复选框，可在查找/替换过程中直接编辑查找到的文本。

（2）设置好查找条件后，单击 查找下一个 按钮，则在文档中查找下一个匹配该条件的文本，而不替换当前查找到的文本；单击 查找全部 按钮，可将文档中匹配该条件的文本全部查找出来；单击 替换 按钮，可将当前查找到的文本替换为目标文本；单击 全部替换 按钮，可将查找到的文本全部替换为目标文本。

2. 查找和替换文本的字体

使用查找和替换功能，可以将文本中的字体替换成目标字体，具体操作步骤如下：

（1）在菜单栏中选择 编辑(E) → 查找和替换(F) 命令，弹出"查找和替换"对话框（见图 5.4.12）。

（2）单击 类型: 右侧的下拉按钮 ▼，在弹出的下拉列表中选择"字体"选项，如图 5.4.13 所示。

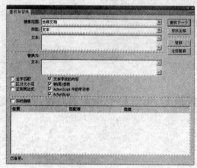 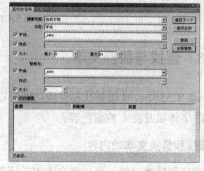

图 5.4.12 "查找和替换"对话框   图 5.4.13 在"类型"下拉列表中选择"字体"选项

（3）选中 ☑ 字体: 复选框，可按字体的名称进行查找。在该文本框中输入字体的名称，或单击其右侧的下拉按钮 ▼，在弹出的"字体"下拉列表中选择一种字体。如果取消选中该复选框，则会查找场景或文档中的所有字体。

（4）选中 ☑ 样式: 复选框，可按字体的样式进行查找。在该文本框中输入字体样式的名称，或单击其右侧的下拉按钮 ▼，在弹出的"字体样式"列表中选择一种字体样式。如果取消选中该复选框，则会查找场景或文档中的所有字体样式。

（5）选中 ☑ 大小: 复选框，可按字体的大小进行查找。在 最小 和 最大 文本框中输入数值，可确定要查找字体大小的范围。如果取消选中该复选框，则会查找场景或文档中的所有字体大小。

（6）在 替换为: 选项区中选中 ☑ 字体: 复选框，可将原字体替换为目标字体；选中 ☑ 样式: 复选框，可将原字体样式替换为目标字体样式；选中 ☑ 大小: 复选框，可将原字体大小替换为目标字体大小。如果取消选中这 3 个复选框，则保持原字体名称、样式和大小不变。

（7）设置好查找条件后，单击 查找下一个 按钮，则在文档中查找下一个匹配该条件的字体，而不替换当前查找到的字体；单击 查找全部 按钮，可将文档中匹配该条件的字体全部查找出来；单击 替换 按钮，可将当前查找到的字体替换为目标字体；单击 全部替换 按钮，可将查找到的字体全部替换为目标字体。

3. 查找和替换颜色

使用查找和替换功能，可以将查找到的颜色替换成目标颜色，具体操作步骤如下：

（1）在菜单栏中选择 编辑(E) → 查找和替换(F) 命令，弹出"查找和替换"对话框。

（2）单击 类型: 右侧的下拉按钮 ▼，在弹出的下拉列表中选择"颜色"选项。

（3）单击"颜色"按钮 ■，打开颜色调节面板，可在该面板中选择一种颜色作为要查找的颜色。

（4）在 替换为: 选项区中单击"颜色"按钮 ■，可在打开的颜色调节面板中选择一种颜色作为目标颜色。

（5）选中 ☑ 文本、☑ 填充 和 ☑ 笔触 复选框，可以在填充区域、文本和笔触中替换颜色。

（6）设置好查找条件后，单击 查找下一个 按钮，则在文档中查找下一个匹配该条件的颜色，而不

替换当前查找到的颜色；单击 查找全部 按钮，可将文档中匹配该条件的颜色全部查找出来；单击
替换 按钮，可将当前查找到的颜色替换为目标颜色；单击 全部替换 按钮，可将查找到的颜色全部
替换为目标颜色。

5.4.9　滤镜特效

为了更好地制作 Flash 动画，Flash CS5 提供了 7 种滤镜特效，通过这些特效，用户可以轻松地制
作出许多富有创意的动画效果。为文本添加滤镜特效的具体操作步骤如下：

（1）在舞台中选中需要添加滤镜的文本对象。

（2）在属性面板中单击"滤镜"选项，展开滤镜选项区。

（3）单击属性面板下方的"添加滤镜"按钮 ，在弹出的"滤镜"下拉菜单中选择一种滤镜选
项，如图 5.4.14 所示。

（4）在滤镜属性面板中将会出现该滤镜选项的相关参数，用户可以根据动画创作的需要对滤镜
的参数进行设置，如图 5.4.15 所示。

图 5.4.14　选择"投影"选项　　　　　图 5.4.15　设置"投影"选项参数

（5）设置好参数后，此时在舞台中即可完成滤镜的添加效果，如图 5.4.16 所示为文本添加投影
和发光滤镜后的效果。

原图　　　　　　　　　　投影　　　　　　　　　　发光

图 5.4.16　为文本添加滤镜效果

1．投影

投影滤镜可以为文本添加投影效果。当对文本应用投影滤镜时，属性面板将显示投影滤镜的设置
选项，如图 5.4.17 所示。

其属性面板参数介绍如下：

（1） 模糊 X 和 模糊 Y ：设置投影的模糊程度，可分别在 X 轴和 Y 轴方向上进行设置。

（2） 强度 ：设置投影的强度，取值范围为 0～100%，数值越大，投影越暗。

（3）**品质**：设置投影的质量级别，有"高""中""低" 3 个选项，级别越高，投影越清晰。

（4）**角度**：设置投影的角度。

（5）**距离**：设置投影与文本之间的距离。

（6）**挖空**：若选中该复选框，则将投影作为背景，挖空投影上面的文本。

（7）**内阴影**：若选中该复选框，将使投影的方向指向文本内侧。

（8）**隐藏对象**：若选中该复选框，将只显示文本，不显示投影。

（9）**颜色**：设置投影的颜色。

2．模糊

模糊滤镜可以柔化文本的边缘和细节。当对文本应用模糊滤镜时，属性面板将显示模糊滤镜的设置选项，如图 5.4.18 所示。

图 5.4.17 "投影"滤镜属性面板　　　　图 5.4.18 "模糊"滤镜属性面板

（1）**模糊 X** 和 **模糊 Y**：设置模糊的程度，可分别在 X 轴和 Y 轴方向上进行设置。

（2）**品质**：设置模糊的质量级别，有"高""中""低" 3 个选项，级别越高，模糊效果越明显，建议把该项设置为"低"。

3．发光

发光滤镜可以为文本的边缘应用某种颜色。当对文本应用发光滤镜时，属性面板将显示发光滤镜的设置选项，如图 5.4.19 所示。

其属性面板参数介绍如下：

（1）**模糊 X** 和 **模糊 Y**：设置发光的模糊程度，可分别在 X 轴和 Y 轴方向上进行设置。

（2）**强度**：设置发光的强度，取值范围为 0～100%，数值越大，发光效果越明显。

（3）**品质**：设置发光的质量级别，有"高""中""低" 3 个选项，级别越高，发光效果越明显，建议把该项设置为"低"。

（4）**颜色**：设置发光的颜色。

（5）**挖空**：若选中该复选框，则将发光效果作为背景，挖空发光效果上面的文本。

（6）**内发光**：若选中该复选框，将使发光的方向指向文本内侧。

4．斜角

斜角滤镜可以加亮文本对象，使其凸出于背景表面显示。当对文本应用斜角滤镜时，属性面板将显示斜角滤镜的设置选项，如图 5.4.20 所示。

其属性面板参数介绍如下：

图 5.4.19　"发光"滤镜属性面板　　　　图 5.4.20　"斜角"滤镜属性面板

（1）**模糊 X** 和 **模糊 Y**：设置斜角的模糊程度，可分别在 X 轴和 Y 轴方向上进行设置。

（2）**强度**：设置斜角的强烈程度，取值范围为 0～100%，数值越大，斜角效果越明显。

（3）**品质**：设置斜角的质量级别，级别越高，斜角效果就越明显。

（4）**阴影**：设置斜角的阴影颜色。

（5）**加亮显示**：设置斜角的加亮颜色。

（6）**角度**：设置斜角的阴影角度。

（7）**距离**：设置斜角与文本之间的距离。

（8）**挖空**：若选中该复选框，则将斜角效果作为背景，挖空斜角效果上面的文本。

（9）**类型**：设置斜角的位置，有"内侧""外侧"和"全部"3 个选项，如果选择"全部"选项，则在文本的内侧和外侧同时应用斜角效果。

5. 渐变发光

渐变发光可以为文本添加具有渐变颜色的发光效果。当对文本应用渐变发光滤镜时，属性面板将显示渐变发光滤镜的设置选项，如图 5.4.21 所示。

其属性面板参数介绍如下：

（1）**模糊 X** 和 **模糊 Y**：设置渐变发光的模糊程度，可分别在 X 轴和 Y 轴方向上进行设置。

（2）**强度**：设置渐变发光的强度，取值范围为 0～100%，数值越大，发光效果越明显。

（3）**品质**：设置渐变发光的质量级别，有"高""中""低"3 个选项，级别越高，渐变发光效果越明显。

（4）**角度**：设置渐变发光的角度。

（5）**距离**：设置渐变发光与文本之间的距离。

（6）**挖空**：若选中该复选框，则将渐变发光效果作为背景，挖空渐变发光效果上面的文本。

（7）**类型**：设置渐变发光的位置，包括"内侧""外侧"和"全部"3 个选项，即用户可以为文本应用内发光、外发光或完全发光效果。

（8）**渐变**：设置发光的渐变颜色。在默认情况下，渐变颜色为白色至黑色，将鼠标指针移动到颜色条上，当其呈现 形状时，单击鼠标左键可以在此处增加新的颜色控制点，单击该控制点上的滑块，可以从弹出的颜色面板中设置它的颜色。如果要删除某个颜色控制点，直接将其上的滑块拖出颜色条即可。

6. 渐变斜角

渐变斜角可以为文本添加立体浮雕效果。当对文本应用渐变斜角滤镜时，属性面板将显示渐变斜角滤镜的设置选项，如图 5.4.22 所示。由于渐变斜角滤镜属性面板的参数与渐变发光滤镜的参数基本相同，这里就不再赘述。

7．调整颜色

调整颜色可以改变文本的亮度、对比度、饱和度或色相属性。当对文本应用调整颜色滤镜时，在属性面板中将显示该滤镜的设置选项，如图 5.4.23 所示。

图 5.4.21　"渐变发光"滤镜属性面板　　图 5.4.22　"渐变斜角"滤镜属性面板　　图 5.4.23　"调整颜色"滤镜属性面板

其属性面板参数介绍如下：

（1）亮度：设置图像的亮度，取值范围为-100～100。

（2）对比度：设置图像的对比度，取值范围为-100～100。

（3）饱和度：设置颜色的饱和度，取值范围为-100～100。

（4）色相：设置颜色的深浅，取值范围为-180～180。

5.5　应用实例——制作立体字

本节主要利用所学的知识制作立体字，最终效果如图 5.5.1 所示。

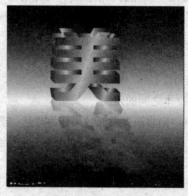

图 5.5.1　最终效果图

操作步骤

（1）启动 Flash CS5 应用程序，新建一个 Flash 文档。

（2）按"Ctrl+J"键，在弹出的"文档设置"对话框中设置文档大小为"400×400"像素，背景颜色为"黑色"。

（3）单击工具箱中的"文本工具"按钮 $\boxed{\text{T}}$ ，设置其属性面板参数，如图 5.5.2 所示。

（4）设置好参数后，在舞台中输入文本"美"，然后按"Ctrl+B"键分离文本，如图 5.5.3 所示。

图 5.5.2　"文本工具"属性面板

图 5.5.3　分离文本

（5）单击工具箱中的"墨水瓶工具"按钮 $\boxed{\text{◐}}$ ，在其属性面板中设置笔触颜色为"黄色"、高度为"1"，然后在分离后的文本上单击，为文本添加轮廓，再删除文本的填充色，效果如图 5.5.4 所示。

（6）使用选择工具选中舞台中文本的轮廓，原位复制一个轮廓副本，然后将其适当偏移，再使用墨水瓶工具更改轮廓的颜色为"红色"，如图 5.5.5 所示。

图 5.5.4　删除文本的填充色

图 5.5.5　复制并移动文本

（7）使用选择工具选中红色轮廓内的所有黄色线条，按"Delete"键将其删除，效果如图 5.5.6 所示。

（8）选择菜单栏中的 $\boxed{\text{窗口(W)}}$ → $\boxed{\text{颜色(C)}}$ 命令，打开颜色面板，设置面板参数如图 5.5.7 所示。

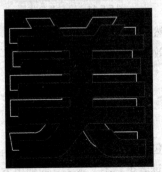

图 5.5.6　删除多余的线条

图 5.5.7　颜色面板

（9）设置好参数后，使用颜料桶工具对文本进行渐变填充，如图 5.5.8 所示。

（10）单击工具箱中的"缩放工具"按钮 ，放大舞台中的图形，然后使用选择工具对两个图形进行连接，效果如图 5.5.9 所示。

图 5.5.8　填充分离后的文本　　　　　　图 5.5.9　制作立体感文本

（11）选中舞台中的文本，按"F8"键将绘制的图形转换为图形元件。

（12）按"Ctrl+C"键复制图形元件，然后选择菜单栏中的 编辑(E) → 粘贴到当前位置(P) 命令将副本粘贴到复制对象的原位置。

（13）选择菜单栏中的 修改(M) → 变形(T) → 垂直翻转(V) 命令，将复制的实例副本进行垂直翻转，然后使用任意变形工具对实例副本进行斜切。

（14）使用选择工具选中舞台中的实例副本，在其属性面板中将实例的 Alpha 值设置为"25%"，效果如图 5.5.10 所示。

（15）在打开的颜色面板中设置笔触颜色为"无"，填充色为"000000""FFFFFF"到"000000"的线性渐变，然后使用工具箱中的矩形工具在舞台中绘制一个与舞台大小相等的矩形，再使用渐变变形工具调整渐变色的大小和角度，效果如图 5.5.11 所示。

图 5.5.10　变形实例副本　　　　　　图 5.5.11　绘制渐变背景

（16）使用选择工具选中绘制的背景图形，然后选择菜单栏中的 修改(M) → 排列(A) → 移至底层(B) 命令，将绘制的背景图形移至底层，最终效果如图 5.5.1 所示。

本 章 小 结

本章主要介绍了 Flash CS5 中文本的输入与背景，包括文本工具简介、创建文本、设置文本的基本属性以及文本的其他特性等内容。通过本章的学习，读者可熟悉文本工具的使用方法与技巧，并能熟练掌握转换文本以及将滤镜应用于文本的技巧。

实 训 练 习

一、填空题

1. 在 Flash CS5 中使用传统文本时，文本类型下拉列表中将包括_____、_____以及_____3 种类型。

2. 一般情况下，文本的排版方向为_____，通过属性面板用户可以改变文本的排版方向。

3. 在 Flash CS5 中使用_____命令，可以将文本转换为矢量图。

4. 在 Flash CS5 中使用_____命令，可以帮助用户一次性将所有文本置于不同的层中。

5. _____滤镜可以加亮文本对象，使其凸出于背景表面显示。

二、选择题

1. "字符位置"下拉列表中的选项包括（　）。

    （A）正常   （B）上标

    （C）下标   （D）中标

2. 在 Flash CS5 中，使用（　）文本可以创建允许用户在动画播放过程中进行修改的文本。

    （A）静态   （B）动态

    （C）输入   （D）点

3. 按（　）键，可以分离文本，将文本转换为矢量图。

    （A）Ctrl+B   （B）Alt+B

    （C）Ctrl   （D）Shift+ Ctrl

4. 使用（　）滤镜可以为文本添加立体浮雕效果。

    （A）投影   （B）发光

    （C）斜角   （D）渐变斜角

三、简答题

1. 简述静态文本、动态文本以及输入文本的作用及特点。

2. 简述如何将文本转换为矢量图。

四、上机操作题

1. 创建一个段落文本，并对其进行各种编辑操作。

2. 练习为文本添加各种滤镜，并比较滤镜的作用。

第 6 章　图层与帧的应用

在 Flash 中制作的多媒体动画之所以能够动起来，靠的就是时间轴，而时间轴是由图层和帧组成的。通过本章的学习，读者应学会图层与帧的使用方法与技巧。

知识要点

- ◈ 图层的应用
- ◈ 帧的应用

6.1　图层的应用

利用图层，可以使用户更方便地管理舞台中的对象。而且，用户还可以根据不同的用途创建不同类型的图层。

6.1.1　图层的类型

图层就像一张张透明纸，用户可分别在不同的透明纸上绘图。绘制好图形后，将所有的透明纸重叠在一起，就组成了一个完整的图形，且各图层中的对象不会相互影响。

在 Flash CS5 中，可以创建 3 种类型的图层，用户可以根据实际需要在动画中创建不同的图层。

（1）普通图层。默认情况下，在 Flash 中创建的图层都为普通图层。

（2）引导图层。引导图层一般与位于其下的图层存在链接关系，此时引导图层的图标显示为 ；若不存在链接关系，引导图层的图标显示为 。引导图层中的对象不随动画输出，因此不会增加文件的大小。

（3）遮罩图层。遮罩图层用于遮盖与之相链接的图层中的对象。与引导图层一样，遮罩图层中的对象也不随动画输出。

6.1.2　图层的基本操作

默认情况下，创建的文档中只包含一个图层，用户可根据需要在动画中创建多个图层，并可以对创建的图层重命名。当某个图层不再使用时，还可以将其删除。

1. 创建图层

在 Flash CS5 中，可以创建任意数量的图层。创建的图层数量只受计算机内存的限制，且图层不会增加发布的 SWF 文件的大小，只有在该图层中创建对象后才会增加文件的大小。

创建普通图层的方法有以下 3 种：

（1）单击时间轴面板下方的"插入图层"按钮 ，可在当前图层上方插入一个新图层。

（2）在菜单栏中选择 插入(I) → 时间轴(T) → 图层(L) 命令，可在当前图层上方插入一个新图层。

（3）在时间轴面板中的层操作区中单击鼠标右键，从弹出的快捷菜单中选择 **插入图层** 命令，也可在当前图层上方插入一个新图层。新创建的图层使用系统默认的名称，如图 6.1.1 所示。

图 6.1.1　创建普通图层

创建遮罩图层的方法为：在时间轴面板上用鼠标右键单击要作为遮罩图层的图层，在弹出的快捷菜单中选择 **遮罩层** 命令即可。创建遮罩效果后的图层图标为显示 形状，其下一图层的图标显示为 形状，且遮罩图层与被遮罩图层都被锁定，如图 6.1.2 所示。

创建引导图层的方法为：在时间轴面板上用鼠标右键单击要创建引导图层的图层，在弹出的快捷菜单中选择 **添加传统运动引导层** 命令，即可在该图层上方创建一个与它链接的引导图层，如图 6.1.3 所示。在弹出的快捷菜单中的选择 **引导层** 命令，即可在该图层上方创建一个与它不存在链接关系的引导图层，如图 6.1.4 所示。

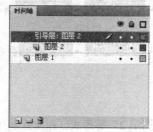

图 6.1.2　创建遮罩图层　　　　图 6.1.3　创建传统运动引导图层　　　　图 6.1.4　创建引导图层

2．选取图层

在 Flash CS5 中，用户可以使用以下 3 种方法选取单个图层。

（1）直接在时间轴中的层操作区中单击鼠标，即可选取该图层。

（2）在时间轴面板中用鼠标单击某个图层中的任意帧，即可选取该图层。

（3）在舞台中用鼠标单击图层中的对象，即可选取该图层。

在 Flash CS5 中，用户可以使用以下两种方法选取多个图层。

（1）在按住"Shift"键的同时用鼠标单击多个图层，可选择多个连续的图层，如图 6.1.5 所示。

（2）在按住"Ctrl"键的同时用鼠标单击多个图层，可选择多个不连续的图层，如图 6.1.6 所示。

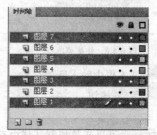

图 6.1.5　选取多个连续的图层　　　　图 6.1.6　选取多个不连续的图层

3. 移动图层

在编辑动画时，如果所建立的层顺序不能反映动画的效果，则需要对层的顺序进行调整。其具体的操作步骤如下：

（1）选择要移动的层，按住鼠标左键拖动，层将以一条粗横线显示。

（2）将其拖动至需要的位置后释放鼠标左键即可，如图 6.1.7 所示。

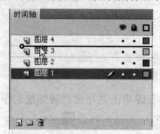

图 6.1.7 移动图层

4. 复制图层

如果要创建两个完全相同的图层，只要将原图层复制即可，具体操作步骤如下：

（1）在所要复制的图层上用鼠标单击，这时该层的所有帧都处于选中状态。

（2）在菜单栏中选择 编辑(E) → 时间轴(M) → 复制帧(C) 命令。

（3）创建一个新图层。

（4）在菜单栏中选择 编辑(E) → 时间轴(M) → 粘贴帧(P) 命令，即可将原图层中的内容全部复制到新图层中。

5. 重命名图层

Flash 默认的层名为"图层 1""图层 2"等形式，在实际制作时，常根据各层放置的对象进行重命名，以便于制作动画时识别各层放置的动画对象。其具体的操作步骤如下：

（1）选中要重命名的层，单击鼠标右键，弹出如图 6.1.8 所示的快捷菜单。

（2）选择 属性... 命令，弹出"图层属性"对话框，如图 6.1.9 所示。

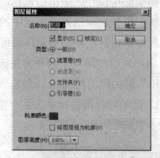

图 6.1.8 快捷菜单　　　　图 6.1.9 "图层属性"对话框

（3）在 名称(N): 文本框中输入新的名称。

（4）单击 确定 按钮。

提示：也可以在层控制区域中双击要重命名的图层，此时图层名称呈反白显示，在反白区域输入新名称，按 "Enter" 键确认即可。

6．以轮廓方式显示图层

在默认情况下，图层中的内容以完整的实体显示，如图 6.1.10 所示。但有时为了便于查看对象的边缘，需要以轮廓方式显示图层，此时，Flash 将只显示对象的轮廓，如图 6.1.11 所示。

图 6.1.10　以实体方式显示对象　　　图 6.1.11　以轮廓方式显示对象

若要以轮廓方式显示图层，直接单击该图层与"显示所有图层的轮廓"按钮 ▢ 对应的列交叉的 ■ 图标，使其变为 ▢ 图标即可，如图 6.1.12 所示。

选择以实体方式显示　　　　　选择以轮廓方式显示

图 6.1.12　选择图层的两种显示方式

7．显示和隐藏图层

当图层处于显示状态时，在图层名称与眼睛图标 👁 交叉的位置将显示为 • 图标，而在舞台中将显示该图层的内容，如 "图层 1" 和 "图层 2"；当图层处于隐藏状态时，在图层名称与眼睛图标 👁 交叉的位置将显示为 ✕ 图标，而在舞台中将不显示该图层的内容，如 "图层 3" 至 "图层 6"，如图 6.1.13 所示。

图 6.1.13　选择图层的显示和隐藏

用户也可以通过 "图层属性" 对话框更改图层的显示或隐藏属性，其操作步骤如下：

（1）选中要更改显示或隐藏属性的层，单击鼠标右键，从弹出的快捷菜单中选择 **属性…** 命令，弹出"图层属性"对话框。

（2）选中或取消选中 **☑ 显示(S)** 复选框，单击 **确定** 按钮即可。

8．锁定和解锁图层

当对某一图层的操作已经完成时，为了避免由于误操作而导致辛苦的工作付诸东流，用户可以将该层锁定，直接单击该图层与"锁定/解除锁定所有图层"按钮 🔒 对应的列交叉的 **·** 图标，使其变为 🔒 图标即可，如图 6.1.14 所示。

图 6.1.14　选择锁定图层

若要编辑锁定图层中的内容，单击图层与"锁定/解除锁定所有图层"按钮 🔒 对应的列交叉的 🔒 图标，将其变为 **·** 图标即可。

9．删除图层

如果某个图层不再使用，可将其删除。在 Flash CS5 中，可使用以下 3 种方法将图层删除。

（1）选取图层后，单击时间轴面板中图层操作区下方的"删除图层"按钮 🗑，即可将该图层删除。

（2）选取图层后，将其拖到"删除图层"按钮 🗑 上，即可将该图层删除。

（3）在需要删除的图层上单击鼠标右键，从弹出的快捷菜单中选择 **删除图层** 命令，即可将该图层删除。

6.1.3　图层文件夹的基本操作

在 Flash CS5 中，用户不仅可以对创建的图层进行隐藏、锁定和调整顺序等操作，还可以使用图层文件夹管理图层。

1．创建图层文件夹

当动画中创建的图层较多时，可以使用图层文件夹管理创建的图层。用户可以使用以下 3 种方法创建图层文件夹。

（1）选中一个图层，单击时间轴面板中层操作区下方的"插入图层文件夹"按钮 📁，即可在当前图层上方创建一个图层文件夹，如图 6.1.15 所示。

（2）选中一个图层，在菜单栏中选择 **插入(I)** → **时间轴(T)** → **图层文件夹(O)** 命令，可在当前图层上方创建一个图层文件夹。

（3）选中一个图层，在该图层上单击鼠标右键，从弹出的快捷菜单中选择 **插入文件夹** 命令，也可在当前图层上方创建一个图层文件夹。

图 6.1.15　创建图层文件夹

2．移动图层到图层文件夹

在默认情况下，新创建的图层文件夹中不包含任何图层，如果用户要使用图层文件夹管理图层，必须将图层移到图层文件夹中，具体操作步骤如下：

（1）选中一个或多个图层。

（2）按住鼠标左键不放，将其拖动到图层文件夹图标上，即可将选中的图层移到层文件夹中，如图 6.1.16 所示。

图 6.1.16　移动图层到图层文件夹中

提示：在用户将图层移至图层文件夹后，图层以缩进方式显示，表示该图层包含在其上方的图层文件夹中。

3．复制图层文件夹

用户可以像复制图层一样复制图层文件夹，具体操作步骤如下：

（1）如果该图层文件夹为展开状态，可先单击文件夹名称左侧的三角形将它折叠，然后单击文件夹将其选中，如图 6.1.17 所示。

图 6.1.17　折叠图层文件夹

（2）在菜单栏中选择 编辑(E) → 时间轴(M) → 复制帧(C) 命令。

（3）创建一个新的图层文件夹。

（4）在菜单栏中选择 编辑(E) → 时间轴(M) → 粘贴帧(P) 命令，即可将原图层文件夹中的内容全部复制到新的图层文件夹中。

4．删除图层文件夹

用户可以像删除图层一样删除图层文件夹，具体操作步骤如下：

（1）选中一个图层文件夹。

（2）单击时间轴面板中图层操作区下方的"删除图层"按钮 🗑，即可将该图层文件夹及文件夹中的所有图层都删除。

6.2 帧 的 应 用

Flash 动画与我们平时看到的电影和电视一样，是通过连续播放若干个静止的画面来产生动画效果的，这些静止的画面叫做帧，它类似于电影底片上每一格的画面。一般来说，每秒钟的电影包含 24 个或者更多的画面，动画才能动作流畅。

6.2.1 帧的类型

帧是构成 Flash 动画的基础，根据它的特点与用途，可以分为关键帧、普通帧、空白关键帧等多种类型。

（1）关键帧：用于描述关键画面的帧，在时间轴上显示为实心圆，如图 6.2.1 所示。

（2）普通帧：即通常所说的帧，用于延长动画的播放时间，在时间轴上显示为灰色的方格，如图 6.2.2 所示。

（3）空白关键帧：即没有内容的关键帧，在时间轴上显示为空心圆，如图 6.2.3 所示。

图 6.2.1 关键帧   图 6.2.2 普通帧   图 6.2.3 空白关键帧

（4）形状补间帧：指在两个关键帧之间用浅绿色填充并由箭头连接的帧，表示对象产生了形状补间动画，如图 6.2.4 所示。

（5）运动补间帧：指在两个关键帧之间用浅蓝色填充并由箭头连接的帧，表示对象产生了运动补间动画，如图 6.2.5 所示。

图 6.2.4 形状补间帧   图 6.2.5 运动补间帧

（6）错误补间帧：指在两个关键帧之间由虚线连接的帧，表示动画发生了错误，如图 6.2.6 所示。

（7）动作帧：指由"α"字母标识的关键帧，表示该帧中添加了动作，如图 6.2.7 所示。

图 6.2.6 错误补间帧   图 6.2.7 动作帧

（8）名称帧：指由小红旗开始，后面跟有文字的帧，常用于帧的跳转，如图 6.2.8 所示。

（9）注释帧：指由绿色的双斜杠开始，后面跟有文字的帧，表示注释，如图 6.2.9 所示。

（10）锚记帧：指由🕮开始，后面跟有文字的帧，如图 6.2.10 所示。

图 6.2.8 名称帧   图 6.2.9 注释帧   图 6.2.10 锚记帧

6.2.2　选择帧

Flash 动画中的帧有很多，在操作中首先要准确定位和选择相应的帧，然后才能对帧进行其他操作。如果选择某单帧来操作，可以直接单击该帧；如果要选择很多连续的帧，只需在选择的帧的起始位置处单击，然后拖动光标到要选择的帧的终点位置，此时所有被选中的帧都显示为藏蓝色的背景，如图 6.2.11 所示；如果要选中很多不连续的帧，只需按住"Ctrl"键的同时单击其他帧即可，如图 6.2.12 所示；如果要选中所有的帧，只需选择任意一帧后，单击鼠标右键，在弹出的快捷菜单中选择 选择所有帧 命令即可。

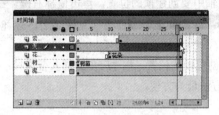 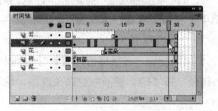

图 6.2.11　选择连续的多个帧　　　　　　图 6.2.12　选择不连续的多个帧

提示：在选中多个连续的帧时，也可以先选中第 1 个帧，然后在按住 "Shift" 键的同时，单击连续帧中的最后 1 帧即可选中其间的所有帧。

6.2.3　移动帧

移动帧的操作步骤如下：

（1）使用上面介绍的方法，选择要移动的帧。

（2）按住鼠标左键不放并拖动，此时，鼠标指针将呈现 形状。

（3）当移动到目标位置时，释放鼠标左键即可，如图 6.2.13 所示。

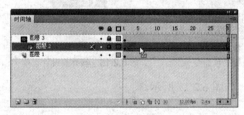 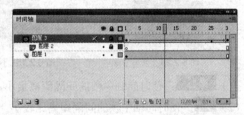

图 6.2.13　移动帧

6.2.4　复制帧

在 Flash CS5 中，复制帧的方法有以下两种。

（1）选中要复制的单个或多个帧，单击鼠标右键，在弹出的快捷菜单中选择 复制帧(C) 命令，然后用鼠标右键单击要复制到的目标帧，在弹出的快捷菜单中选择 粘贴帧(P) 命令。

（2）选中要复制的单个或多个帧，按住 "Alt" 键将其拖曳至要复制的位置即可。

提示：对空白关键帧、关键帧和普通帧都可以采用此种方法进行复制，不过普通帧或关键帧复制后的目标帧都为关键帧。

6.2.5 插入帧

在 Flash CS5 中，可以使用菜单命令、快捷菜单命令以及快捷键 3 种方法插入帧，下面对其进行具体介绍。

（1）使用菜单命令。将鼠标指针放到时间轴中要创建帧的位置，选择 **插入(I)** → **时间轴(T)** → **帧(F)** → **关键帧(K)** → **空白关键帧(B)** 命令（见图 6.2.14），创建相应的帧。

（2）使用快捷菜单命令。将鼠标指针放到时间轴中要创建帧的位置，单击鼠标右键，在弹出的快捷菜单中选择 **插入帧** → **插入关键帧** → **插入空白关键帧** 命令（见图 6.2.15），创建相应的帧。

（3）使用快捷键。将鼠标指针放到时间轴中要创建帧的位置，按"F5"键插入普通帧；按"F6"键插入关键帧；按"F7"键插入空白关键帧，这种方法最为方便。

6.2.6 改变帧的外观

为了便于操作，可以改变帧的外观，单击时间轴右上角的"帧浏览选项"按钮 ，即可弹出帧外观设置菜单，如图 6.2.16 所示。

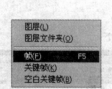

图 6.2.14 菜单命令　　　　图 6.2.15 快捷菜单命令　　　　图 6.2.16 帧外观设置菜单

（1）**很小**：使时间轴中帧的间隔距离最小，如图 6.2.17 所示。

（2）**小**：使时间轴中帧的间隔距离比较小。

（3）**标准**：使时间轴中帧的间隔距离正常，为系统默认选项。

（4）**中**：使时间轴中帧的间隔距离比较大。

（5）**大**：使时间轴中帧的间隔距离最大，如图 6.2.18 所示。

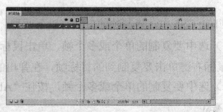

图 6.2.17 选择"很小"选项　　　　图 6.2.18 选择"大"选项

（6）**较短**：改变时间轴中帧的高度。

（7）**彩色显示帧**：将不同属性的帧以不同颜色显示，为系统默认选项。

（8）**预览**：在时间轴中显示各帧内容的缩略图，如图6.2.19所示。

（9）**关联预览**：在时间轴中显示各帧内容相对于整个动画的大小和位置，如图6.2.20所示。

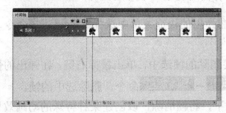
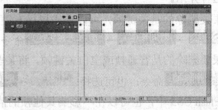

图6.2.19 选择"预览"选项　　　　　图6.2.20 选择"关联预览"选项

6.2.7 转换帧

在Flash CS5中，要将关键帧转换为普通帧，可先单击选中该帧，然后选择 **修改(M)** → **时间轴(T)** → **清除关键帧(A)** 命令，或使用鼠标右键单击该帧，在弹出的快捷菜单中选择 **清除关键帧** 命令即可将关键帧转换为普通帧，如图6.2.21所示。

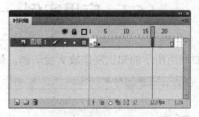

转换前　　　　　　　　　　　　转换后

图6.2.21 将关键帧转换为普通帧

如果要将普通帧转换为关键帧，可选中该帧后选择 **修改(M)** → **时间轴(T)** → **转换为关键帧(K)** 命令，或选择 **插入(I)** → **时间轴(T)** → **关键帧(K)** 命令即可；如果要将普通帧转换为空白关键帧，可选中该帧后选择 **修改(M)** → **时间轴(T)** → **转换为空白关键帧(B)** 命令。

6.2.8 翻转帧

在制作动画过程中，利用翻转帧命令可以将选中帧的播放顺序进行颠倒，也就是将一组选中帧的第一帧变成翻转后的最后一帧，使最后一帧变成第一帧。其具体操作步骤如下：

（1）选择单个帧，单击鼠标右键，在弹出的快捷菜单中选择 **选择所有帧** 命令，选择所有帧。

（2）再次单击鼠标右键，在弹出的快捷菜单中选择 **翻转帧** 命令，如图6.2.22所示。

图6.2.22 翻转帧前后的效果

6.2.9 删除帧

如果某些帧已经无用了，可将它删除。由于 Flash 中帧的类型不同，所以删除的方法也不同，下面分别进行介绍。

如果要删除的是关键帧，可以单击鼠标右键，在弹出的快捷菜单中选择 清除关键帧 命令，也可选择 修改(M) → 时间轴(M) → 清除关键帧(A) 命令。

如果要删除的是普通帧或空白关键帧，将某些要删除的帧选中，单击鼠标右键，在弹出的快捷菜单中选择 删除帧 命令，也可选择 编辑(E) → 时间轴(M) → 删除帧(R) 命令，删除选中的帧。

在 Flash CS5 中，也可以在不影响其他帧的情况下，将帧清除，以创建某种特殊的动画效果。将某些要清除的帧选中，单击鼠标右键，在弹出的快捷菜单帧选择 清除帧 命令，也可选择 编辑(E) → 时间轴(M) → 清除帧(L) 命令，将选中的帧清除。

提示：执行 删除帧 命令后，后续帧将自动向前移动；执行 清除帧 命令后，不影响被清除帧后面的帧序列。

6.3   应用实例——制作放大镜动画

本节主要利用所学的知识制作放大镜动画，最终效果如图 6.3.1 所示。

图 6.3.1 最终效果图

操作步骤

（1）启动 Flash CS5 应用程序，新建一个 Flash 文档。

（2）按"Ctrl+R"键，从弹出的"导入"对话框中选择一幅图像，将其导入到舞台中。

（3）按"Ctrl+J"键，在弹出的"文档设置"对话框中选中 ⊙ 内容(C) 单选按钮，将文档的大小匹配于图片。

（4）使用工具箱中的选择工具选中导入的图像，在其属性面板中将"X"轴坐标和"Y"轴坐标都设置为"0"，效果如图 6.3.2 所示。

（5）选中舞台中导入的位图，按"F8"键，弹出"转换为元件"对话框，设置其对话框参数，如图 6.3.3 所示。

（6）按"Ctrl+F8"键，弹出"创建新元件"对话框，设置其对话框参数，如图 6.3.4 所示。设置好参数后，单击 确定 按钮，进入该元件的编辑窗口。

图 6.3.2 调整图像至舞台的中心

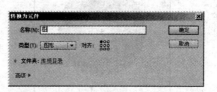

图 6.3.3 "转换为元件"对话框

（7）单击工具箱中的"椭圆工具"按钮 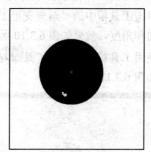，在其属性面板中设置笔触颜色为"无"，填充颜色为"#990000"，按住"Shift"键，在舞台的中心位置绘制一个圆形，如图 6.3.5 所示。

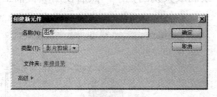

图 6.3.4 "创建新元件"对话框

图 6.3.5 创建并编辑"圆形"元件

（8）重复步骤（6）的操作，创建一个名称为"按钮"的按钮元件。

（9）在"按钮"元件的编辑窗口中选中"点击"帧，按"F6"键插入关键帧。

（10）单击工具箱中的"椭圆工具"按钮 ，在其属性面板中设置笔触颜色为"无"、填充色为"#FF0000"，然后按住"Shift"键，在舞台的中心绘制一个圆形，如图 6.3.6 所示。

（11）重复步骤（6）的操作，创建一个名称为"放大镜"的影片剪辑元件，然后从库面板中将"按钮"元件拖入到舞台的中心位置，如图 6.3.7 所示。

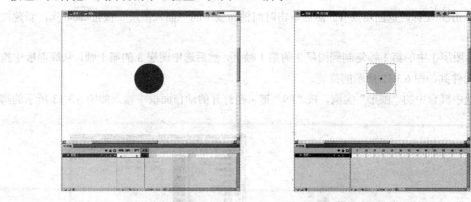

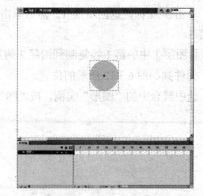

图 6.3.6 创建并编辑"按钮"元件

图 6.3.7 拖入"按钮"元件

（12）新建图层 2，单击工具箱中的"椭圆工具"按钮 ，在属性面板中设置笔触颜色为"#24558D"、填充颜色为"白色至黑色的径向渐变"，然后按住"Shift"键，在舞台中绘制一个恰好覆盖按钮的圆形，如图 6.3.8 所示。

（13）按"Shift+F9"键，打开颜色面板，设置两个色标的颜色都为"白色"，然后设置第 1 个色标的 Alpha 值为"0%"，第 2 个色标的 Alpha 值为"100%"，如图 6.3.9 所示。

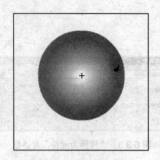

图 6.3.8　绘制圆

图 6.3.9　设置颜色面板参数

（14）单击工具箱中的"颜料桶工具"按钮 ，单击圆形的中心位置进行填充。

（15）单击工具箱中的"渐变变形工具"按钮，向外拖动右侧中间的圆形控制手柄，改变颜色的填充方向和角度，效果如图 6.3.10 所示。

（16）使用工具箱中的钢笔工具 在舞台中绘制放大镜的把手，然后使用颜料桶工具对其进行填充，效果如图 6.3.11 所示。

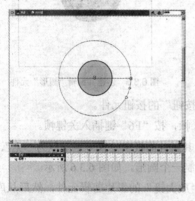

图 6.3.10　改变颜色的填充方向和角度

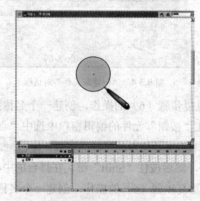

图 6.3.11　绘制放大镜把手

（17）单击 图标，返回场景 1。然后单击时间轴面板中的"插入图层"按钮 4 次，新建图层 2 至图层 5。

（18）将图层 1 中的第 1 帧复制到图层 2 的第 1 帧上，然后选中图层 3 的第 1 帧，从库面板中拖动"圆形"元件到如图 6.3.12 所示的位置。

（19）选中舞台中的"圆形"实例，按"F9"键，在打开的动作面板中输入如图 6.3.13 所示的脚本语句。

图 6.3.12　拖入"圆形"元件

图 6.3.13　输入脚本语句

（20）选中图层 4 的第 1 帧，从库面板中拖动"放大镜"元件到舞台中，并调整其镜面部分恰好覆盖"圆形"实例，效果如图 6.3.14 所示。

（21）选中舞台中的"放大镜"实例，在其属性面板中设置实例名称为"zoom"。

（22）在时间轴面板中图层 3 的层名区上单击鼠标右键，从弹出的快捷菜单中选择命令，效果如图 6.3.15 所示。

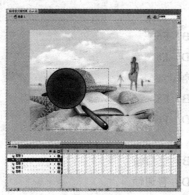

图 6.3.14　拖入"放大镜"元件

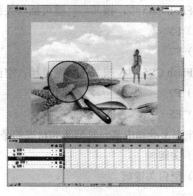

图 6.3.15　添加遮罩效果

（23）选中图层 5 的第 1 帧，在打开的动作面板中输入以下脚本语句：

```
dou=3;
startDrag("zoom",true);
```

（24）按"Ctrl+Enter"键预览动画，最终效果如图 6.3.1 所示。

本　章　小　结

本章主要介绍了 Flash CS5 中图层与帧的使用方法与技巧，包括图层的类型和基本操作方法、帧的类型以及帧的各种操作方法。通过本章的学习，读者应掌握图层与帧的概念，并能熟练地应用图层和帧制作出优秀的动画效果。

实　训　练　习

一、填空题

1. 时间轴是由_____和_____组成的，分别用于组织和控制动画在不同时刻的内容。

2. _____是一种特殊的层，透过该层中的图形可以看到位于其下方的层中的内容。

3. 在 Flash CS5 中，图层包括_____、_____、_____以及文件夹。

4. _____可用来控制动画播放的速度，单位为"f/s"，即每秒钟播放的帧数，其值越大，速度越快；反之越慢。

5. 在 Flash CS5 中，最常用的帧类型有_____、_____、_____以及_____。

二、选择题

1. 在 Flash CS5 中，按住（　　）键，可选取多个连续的图层。

（A）Shift （B）Alt

（C）Ctrl （D）全错

2．在 Flash CS5 中，（　）是构成 Flash 动画的基本单位。

（A）帧 （B）实例

（C）图层 （D）场景

3．在 Flash CS5 中，按（　）键可插入关键帧。

（A）F5 （B）F6

（C）F7 （D）F8

4．在 Flash CS5 中，按（　）键可插入空白关键帧。

（A）F7 （B）F8

（C）F5 （D）F6

5．用来定义动画中某一时刻新的状态的是（　）。

（A）关键帧 （B）空白帧

（C）空白关键帧 （D）普通帧

三、简答题

1．简述帧和图层的作用和类型。

2．如何调整图层与图层文件夹的顺序？

四、上机操作题

1．新建一个 Flash 文档，练习图层与帧的各种操作方法。

2．利用本章所学的知识，制作一个简单的 Flash 片头动画。

第 7 章 元件、实例与库的应用

元件是动画的基本元素，在 Flash 动画中出现的任何内容都是由元件组成的，所有的元件都存放在库面板中。把元件从库面板拖动到工作区中就创建了该元件的一个实例，也就是说，实例是元件的具体应用，一个元件可以产生若干个实例。

知识要点

- 库面板
- 元件类型
- 创建元件
- 编辑实例

7.1 库 面 板

库面板是一个影片的仓库，所有元件都会被自动载入到当前影片的库面板中，以便以后应用时调用。另外，还可以从其他影片的库面板中调用元件，便可以根据需要建立自己的库面板。选择菜单栏中的 窗口(W) → 库(L) 命令，打开当前文件的专用库，如图 7.1.1 所示。对其中各项说明如下：

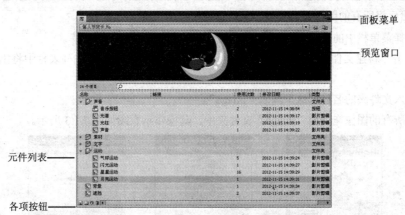

图 7.1.1 库面板

（1）预览窗口：用于显示所选对象的内容。

（2）"面板菜单"按钮 ：用于打开库面板的菜单，从中选择需要的选项。

（3）"新建元件"按钮 ：用于创建新元件。

（4）"新建文件夹"按钮 ：用于创建文件夹。

（5）"属性"按钮 ：用于查看和编辑所选元件的属性。

（6）"删除"按钮 ：用于删除库中选中的元件。

另外，Flash CS5 还自带了许多公用库，分别存放在"声音""按钮"和"类"库中，用户可以使用公用库向文档添加按钮与声音，还可以使用公用库优化动画制作者的工作流程和文件资源管理。选

择 窗口(W) → 公用库(N) 命令下的子菜单命令，打开 3 种类型的公用库，如图 7.1.2 所示。

"声音"库　　　　　　　"按钮"库　　　　　　　"类"库

图 7.1.2　系统自带的公用库

（1）**声音** 库：该库中提供了多种风格的声音文件，用户可以直接将这些声音文件引入动画中。

（2）**按钮** 库：该库中保存了多种类型的按钮。

（3）**类** 库：该库中只提供了 DataBindingClasses 、 UtilsClasses 和 WebServiceClasses 3 项内容，在用户引用它们后，可以实现数据链接、网络服务器设置等功能。

7.1.1　归类库元素

在管理过程中，通常要创建一些文件夹，以便于对库元素进行分类。例如，可以创建名为"图片"的文件夹，然后将所有的图像置于其中，操作步骤如下：

（1）选择菜单栏中的 窗口(W) → 库(L) 命令，打开当前文件的专用库。

（2）单击"新建文件夹"按钮 ，创建一个空的文件夹，此时，在列表栏中将出现一个较小的箱体。

（3）输入文件夹的名称，这里输入"image"。

（4）将所有的图像拖动至"image"文件夹中，其操作示意图如图 7.1.3 所示。

图 7.1.3　库文件夹的创建示意图

注意：如果要使用文件夹中的库元素，首先双击存放它的文件夹，将其显示，然后用鼠标单击进行选择。

7.1.2 复制库元素

在 Flash CS5 中，不仅可以在库面板中直接复制已有的元件，还可以在复制后元件的基础上进行修改，从而创造出新的元件。其具体操作步骤如下：

（1）选择菜单栏中的 窗口(W) → 库(L) 命令，打开当前文件的专用库，如图 7.1.4 所示。

（2）在库面板中选中要复制的元件，单击鼠标右键，在弹出的快捷菜单中选择 直接复制 命令，弹出"直接复制元件"对话框，如图 7.1.5 所示。

（3）设置好元件的名称及类型后，单击 确定 按钮，如图 7.1.6 所示。

图 7.1.4　选中库元素　　　　图 7.1.5　"直接复制元件"对话框　　　　图 7.1.6　复制元素效果

（4）双击复制后的元件，进入该元件的编辑模式，即可对该元件进行各种修改操作。

提示： 先在库面板中选中要复制的元素，然后在库面板的右上角单击"面板菜单"按钮，在弹出的下拉菜单中选择 直接复制 命令，也可复制选中的元件。

7.1.3 更新库元素

对于库中的图像、声音或视频等素材，如果使用外部编辑器进行了修改，可以在 Flash CS5 中将它们更新为最新的状态，操作步骤如下：

（1）选择 窗口(W) → 库(L) 命令，打开当前文件的专用库。

（2）在库中选取一个或多个需要更新的图像、声音或视频等素材。

（3）单击鼠标右键，在弹出的快捷菜单中选择 更新... 命令，将弹出"更新库项目"对话框，如图 7.1.7 所示。

图 7.1.7　"更新库项目"对话框

（4）此时，在"更新库项目"对话框中将显示出需要更新的元件，单击 更新(U) 按钮即可。

7.1.4 选择未用项目

制作 Flash 作品时，有时可能会制作了一些无用的元件，如果不清除这些无用元件，则会增大 Flash 文件的容量。为了准确、迅速地查找无用元件，Flash CS5 提供了自动查找无用元件的功能。单击"面板菜单"图标 ，在弹出的快捷菜单中选择 选择未用项目 命令即可，此时，Flash CS5 会自动查找出所有无用的元件，并以高亮方式显示，如图 7.1.8 所示。利用该功能可以大大节约查找时间，提高工作效率。

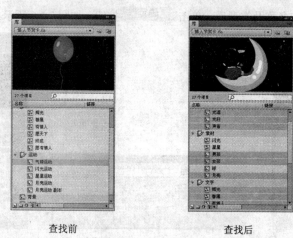

查找前 查找后

图 7.1.8 自动查找无用元件

7.1.5 解决库元素的冲突

当在文件之间复制库元素时，常会发生库元素的冲突现象，即复制元素与当前文件中的资源重名。如果发生了这种冲突，Flash CS5 会弹出"解决库冲突"对话框，如图 7.1.9 所示。

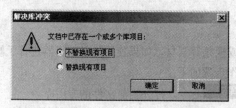

图 7.1.9 "解决库冲突"对话框

用户可以根据需要选择是否替换现有项目，但是这种替换是无法撤销的，因此在替换之前一定要考虑清楚。

7.2 元 件 类 型

不同的元件在动画形成过程中有不同的作用和能力，产生不同的交互效果，因此利用元件能创建丰富多彩的动画。在创建动画时，用户应根据动画的需要来选择需要的元件类型，特别需要掌握图形元件与影片剪辑元件的区别。

1. 图形元件

在 Flash CS5 中，图形元件主要用于定义静态的对象，它包括静态图形元件和动态图形元件两种。

静态图形元件中一般只包含一个对象，在播放动画的过程中静态图形元件始终是静止的；动态图形元件中可以包含多个对象或一个对象的各种效果，在播放动画的过程中，动态图形元件可以是静态的，也可以是动态的。

2. 按钮元件

按钮元件主要用于激发某种交互性的动作，如 MTV 中的"Play"和"Replay"等按钮都是按钮元件。通过交互控制按钮可响应各种鼠标事件。

在 Flash CS5 中，按钮元件有 4 个不同的状态：弹起、指针...、按下 和 点击，分别对应于鼠标作用于按钮上的 4 种状态，这种状态既可以是静止图形，也可以是动画。其中，弹起、指针...、按下 3 种状态分别指在正常状态下，鼠标经过时按下鼠标时按钮处于什么样的状态，点击 状态用于确定在哪个范围内可以激发按钮动作，这个区域在影片中是不可见的。

3. 影片剪辑元件

影片剪辑元件是 Flash 中应用最广泛的元件类型，它与图形元件具有相似之处，它们都可以是一段动画，都拥有相对独立的编辑区域，在其中创建动画的方法也与在场景中编辑动画完全一样。与图形元件不同的是，图形元件会受当前场景中帧序列的约束，而使用影片剪辑元件相当于将一段小动画嵌入到主动画中，这段小动画可独立于主动画进行播放。播放主动画时，影片剪辑元件也在循环播放，它不会受当前场景中帧数的限制，即使场景中只有一帧，影片剪辑元件也可以循环播放。

7.3　创　建　元　件

元件是指在 Flash 中可重复使用的图形、按钮和影片剪辑等，元件只需创建一次，即可在整个文档中重复使用。

7.3.1　图形元件

创建图形元件的方法主要有两种：一种是创建一个空白元件，在元件的编辑窗口中编辑元件；另一种是将舞台中的对象转换为元件。下面对这两种方法进行具体介绍。

1. 创建空白元件

创建一个空白元件是使用频率最高的一种方法。其具体操作步骤如下：

（1）选择菜单栏中的 插入(I) → 新建元件(N)... 命令，或按"Ctrl+F8"键，弹出"创建新元件"对话框，如图 7.3.1 所示。

（2）在 名称(N): 文本框中输入元件的名称，这里采用默认名称。

（3）在 类型(T): 下拉列表中可以选择元件的类型。

（4）单击 确定 按钮，进入元件的编辑模式，在窗口中将出现一个 ✚ 标记，它是元件的注册点，也是元件编辑模式和场景编辑模式的不同之处，如图 7.3.2 所示。

（5）在元件编辑模式下编辑元件的内容。

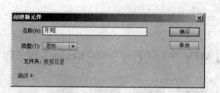

图 7.3.1 "创建新元件" 对话框

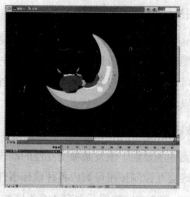

图 7.3.2 元件的编辑模式

（6）编辑完毕后，单击 场景1 图标返回至场景编辑模式即可。

2. 将对象转换为元件

在制作动画的过程中，可以将导入的图片转换为图形元件，还可以将现有的对象转换为图形元件。具体操作步骤如下：

（1）选中当前舞台中要转换为图形元件的对象，如图 7.3.3 所示。

（2）选择菜单栏中的 修改(M) → 转换为元件(C)... 命令或按 "F8" 键，弹出 "转换为元件" 对话框，如图 7.3.4 所示。

图 7.3.3 选中舞台中的对象

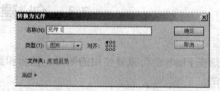

图 7.3.4 "转换为元件" 对话框

（3）在 名称(N): 文本框中输入元件的名称，在 类型(T): 下拉列表中选择 "图形" 选项，设置元件的类型为 "图形"。

（4）在 对齐: 选项中设置图形元件注册点的位置，共有 9 个注册点位置，用户可以根据需要进行选择。如图 7.3.5 所示为注册点在中心和左上角时的效果。

注册点在中心

注册点在左上角

图 7.3.5 注册点在中心和左上角时的效果

（5）在 文件夹: 选项右侧单击 库根目录 按钮，弹出"移至文件夹"对话框，如图 7.3.6 所示。

（6）在"移至文件夹"对话框中可以设置该元件保存的目标文件夹，如图 7.3.7 所示。选择文件夹名称后，单击 选择 按钮即可。

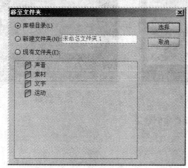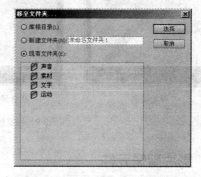

图 7.3.6　"移至文件夹"对话框　　　　　图 7.3.7　设置元件所在的文件夹

（7）设置完成后，单击 确定 按钮，即可将选中的图形对象转换为图形元件。

7.3.2　按钮元件

按钮元件与图形元件不同，它是 Flash CS5 中的一种特殊元件，用于创建影片中的交互按钮，通过事件来激发它的动作。按钮元件有弹起、指针经过、按下和点击 4 种状态，每种状态都可以通过图形、元件以及声音来定义。按照创建图形元件的方法进入按钮元件的编辑状态，按钮元件的时间轴面板如图 7.3.8 所示。

图 7.3.8　按钮元件的时间轴面板

按钮元件 4 种状态帧的含义介绍如下。

（1）弹起：指鼠标指针没有接触按钮时的状态，是按钮的初始状态，其中包括一个默认的关键帧，可以在此状态帧中绘制各种图形或者插入影片剪辑元件。

（2）指针：指鼠标指针移动到该按钮上方，但没有按下鼠标时的状态。如果需要在鼠标指针移动到该按钮上方时显示一些内容，可以在此状态帧中添加内容。

（3）按下：指鼠标指针移动到按钮上方并按下鼠标左键时的状态。如果需要在按下按钮时显示一些内容，就需要在此状态帧中绘制图形或添加影片剪辑元件。

（4）点击：指定义按钮的作用范围，在 Flash CS5 的按钮元件中这是非常重要的一帧，可以使用此状态帧来制作隐藏按钮。

分别在按钮元件编辑窗口中编辑每个状态帧中的图形，编辑完成后返回主场景，此时在库面板中即可看到创建好的按钮元件，从库面板中将其拖曳至舞台中，按"Ctrl+Enter"键可预览其效果，如图 7.3.9 所示。

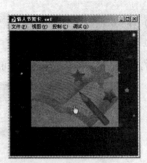

弹起状态　　　　　　　　指针经过状态　　　　　　　　点击状态

图 7.3.9　预览按钮元件实例效果

7.3.3　影片剪辑元件

在 Flash CS5 中，影片剪辑元件是主动画的一个组成部分，是功能最多的元件。它和图形元件的主要区别在于它支持 ActionScript 和声音，具有交互性。影片剪辑元件本身就是一段小动画，能够独立播放，可以包含交互控制、声音以及其他影片剪辑的实例，也可以将它放置在按钮元件的时间轴中来制作动画按钮。

在制作动画的过程中，当需要重复使用一个已经创建的动画片段时，最好的方法就是将这个动画转换为影片剪辑元件，或者是新建影片剪辑元件。新建和转换影片剪辑元件的方法与图形元件基本相似，编辑的方式也很相似。下面以一个实例来介绍如何将动画转换为影片剪辑元件。其具体操作步骤如下：

（1）选择菜单栏中的 文件(F) → 打开(O)... 命令，在弹出的"打开"对话框中选择一个 Flash 动画，并将其打开，如图 7.3.10 所示。

（2）在时间轴面板中的任意一帧上单击鼠标右键，从弹出的快捷菜单中选择 选择所有帧 命令。

（3）在系统将所有的帧选中后，再次在时间轴面板中的任意一帧上单击鼠标右键，从弹出的快捷菜单中选择 复制帧 命令。

（4）选择菜单栏中的 插入(I) → 新建元件(N)... 命令，在弹出的"创建新元件"对话框中设置参数，创建一个名为"古典"的影片剪辑。

（5）设置好参数后，单击 确定 按钮进入"古典"影片剪辑元件的编辑窗口。

（6）在时间轴面板中的第 1 帧上单击鼠标右键，从弹出的快捷菜单中选择 粘贴帧 命令，即可将复制的动画全部粘贴到该影片剪辑中，如图 7.3.11 所示。

图 7.3.10　打开的 Flash 动画　　　　　　图 7.3.11　复制动画到影片剪辑中

提示：Flash 中的影片剪辑元件在主动画播放的时间轴上必须有一个关键帧。

7.4 编辑实例

元件创建好后，存放在库面板中，需要使用该元件时，只须从库面板中将其拖到舞台上，可以重复多次将该元件拖到舞台上，如图 7.4.1 所示。此时，舞台上的对象被称为实例，选中拖入的实例后，其属性面板如图 7.4.2 所示。

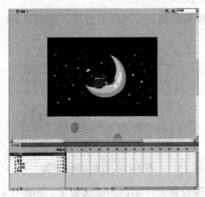

图 7.4.1 元件的应用   图 7.4.2 实例属性面板

7.4.1 设置实例名称和类型

在 `<实例名称>` 文本框中可以给影片剪辑元件的实例命名，以方便后面添加动作脚本语言时引用它。

用户还可以改变实例的类型以重新定义它在动画中的表现，例如可以将影片剪辑实例改变为图形。其方法很简单，首先选中要改变行为方式的影片剪辑实例，在"实例行为"下拉列表中选择 **图形** 选项即可，如图 7.4.3 所示。

7.4.2 交换实例

用户可以为创建的图形元件实例设置不同的元件，以改变其外观，并且该实例将保留原有属性，其具体操作方法如下：

（1）单击工具箱中的"选择工具"按钮 ，选中需要编辑的实例。

（2）单击属性面板中的 **交换...** 按钮，弹出"交换元件"对话框，如图 7.4.4 所示。

图 7.4.3 "实例行为"下拉列表   图 7.4.4 "交换元件"对话框

（3）选择名为"元件1"的图形元件，单击 确定 按钮，即可将"元件2"实例替换为"元件1"，此时，该元件保留了原实例的属性。

7.4.3 设置实例样式

各选项含义说明如下：

（1） 无 ：选择该选项，不更改实例的属性。

（2） 亮度 ：选择该选项，可以更改实例的亮度，通过拖曳 亮度: 右侧的滑块或在其文本框 0 %中输入数值，可以设置实例的明暗程度，如图 7.4.5 所示。

（3） 色调 ：选择该选项，在其下方将出现与色调相关的设置选项，如图 7.4.6 所示。通过色调的设置可以更改实例的颜色。

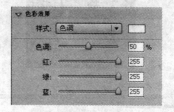

图 7.4.5 设置实例的亮度   图 7.4.6 设置实例的色调

（4） 高级 ：选择该选项，在其下方将出现设置元件实例的高级效果，如图 7.4.7 所示。用户可以在其中调节红、绿、蓝和 Alpha 的值，最终颜色的值是将当前红、绿、蓝和 Alpha 的值乘以左边的百分数，然后再加上右边的常数值。

（5） Alpha ：选择该选项，在其下方将出现设置透明度的滑块与输入框，如图 7.4.8 所示。通过拖曳 Alpha: 右侧的滑块或在其文本框 100 %中输入数值，可以更改实例的透明程度。

图 7.4.7 设置实例的高级效果   图 7.4.8 设置实例的透明度

7.4.4 设置混合模式

使用混合模式可以创建复合图像。复合时改变两个或两个以上重叠影片剪辑的透明度或者颜色相互关系的过程。使用混合模式可以混合重叠实例中的颜色，从而创造出独特的效果。单击属性面板中 混合: 选项右侧的下拉列表框，从弹出的下拉列表中可以选择影片剪辑实例的混合模式，如图 7.4.9 所示。

（1） 一般 ：该模式是指正常应用颜色，不与基准颜色有相互关系。

（2） 图层 ：使用该模式可以层叠各个影片剪辑实例，而不影响其颜色。

（3） 变暗 ：使用该模式只替换比混合颜色亮的区域，比混合颜色暗的区域不变。

（4） 正片叠底 ：使用该模式可以将两个影片剪辑实例的色彩叠加在一起，从而生成叠底效果。

（5）**变亮**：使用该模式只替换比混合颜色暗的像素，比混合颜色亮的区域不变。

（6）**滤色**：使用该模式将混合颜色的反色复合以基准颜色，从而产生漂白效果。

（7）**叠加**：使用该模式可以复合或过滤颜色，具体取决于基准颜色。在保留图案或颜色基准颜色的明暗对比的基础上，对现有像素进行叠加。保留基色，但基色与混合色相混以反映原色的亮度或暗度。

（8）**强光**：使用该模式可以进行色彩值或滤色，具体情况取决于混合模式颜色。该效果类似于用点光源照射的效果。

（9）**增加**：使用该模式可以在基准颜色的基础上增加混合颜色。

（10）**减去**：使用该模式可以在基准颜色的基础上减去混合颜色。

（11）**差值**：使用该模式可以从基准颜色减去混合颜色，或者从混合颜色减去基准颜色，具体取决于哪个的亮度值较大。该效果类似于彩色底片。

（12）**反相**：使用该模式可以取基准颜色反色。

（13）**Alpha**：使用该模式可以应用 Alpha 遮罩层。

注意：Alpha 混合模式要求将图层混合模式应用于父级影片剪辑，不能将背景剪辑更改为 Alpha 并应用它，因为该对象将是不可见的。

（14）**擦除**：使用该模式可以删除所有基准颜色像素，包括背景图像中的基准颜色像素。

7.4.5　添加滤镜效果

在 Flash CS5 中，滤镜只能应用于文本、影片剪辑实例和按钮实例中。先使用选择工具选中舞台中的实例，然后单击属性面板中"滤镜"选项区下方的"添加滤镜"按钮，从弹出的下拉菜单中可以选择一种滤镜选项，为实例添加滤镜特效，如图 7.4.10 所示。用户在为实例添加滤镜的过程中，可以通过属性面板设置滤镜选项的参数。

图 7.4.9　"混合模式"下拉列表

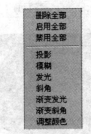

图 7.4.10　"滤镜"下拉菜单

7.4.6　设置实例的播放模式

如果用户创建的是图形元件实例，并且该实例中包含着动画，可使用属性面板设置动画的播放模式，具体操作步骤如下：

（1）选中舞台中图形元件的实例，并打开该实例的属性面板。

（2）单击该实例属性面板中的 **循环** 下拉按钮，弹出其下拉列表，该列表包含 3 个选项，分别为循环、播放一次和单帧，其各选项含义介绍如下：

1）循环：动画播放结束后再从头播放。

2）播放一次：动画从头至尾只播放一次。

3）单帧：显示动画中的任意帧。

（3）在该列表中选择合适的选项，即可设置图形元件实例中动画的播放模式。

7.4.7 设置实例的中心点

Flash 中的组合、实例、文本框以及位图均有中心点。中心点就是在旋转对象时对象参照的圆心，默认状态下，中心点位于对象的中心。调整实例中心点的具体操作方法如下：

（1）选中实例后单击工具箱中的"任意变形工具"按钮 🔣，此时实例中心位置的圆就是实例的中心点。

（2）当光标靠近中心点时单击并拖曳圆点，即可改变实例中心点的位置，效果如图 7.4.11 所示。

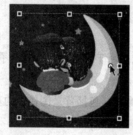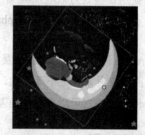

图 7.4.11　调整实例中心点效果

7.4.8 分离实例

如果用户要对图形元件的实例进行修改，而不影响该元件，可以将该实例分离成图形后，再对其进行修改。具体操作如下：

（1）单击工具箱中的"选择工具"按钮 ▲，选中需要编辑的实例。

（2）在菜单栏中选择 修改(M) → 分离(K) 命令，即可将该实例分离，如图 7.4.12 所示。

图 7.4.12　实例分离为元件

7.5　应用实例——制作放映动画效果

本节主要利用所学的知识制作放映动画效果，最终效果如图 7.5.1 所示。

图 7.5.1 最终效果图

操作步骤

（1）启动 Flash CS5 应用程序，新建一个 Flash 文档。

（2）按"Ctrl+R"键，在弹出的"导入"对话框中选中一个制作好的动画，单击 [打开(0)] 按钮，将其导入到舞台的中心位置，效果如图 7.5.2 所示。

（3）按"Ctrl+F8"键，弹出"创建新元件"对话框，设置其对话框参数，如图 7.5.3 所示。单击 [确定] 按钮，进入该元件的编辑窗口。

图 7.5.2 导入动画

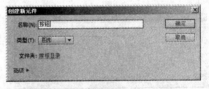

图 7.5.3 "创建新元件"对话框

（4）单击工具箱中的"矩形工具"按钮，在其属性面板中设置笔触颜色为白色，然后在舞台中绘制两个不同大小的圆角矩形，效果如图 7.5.4 所示。

（5）选择菜单栏中的 [窗口(W)] → [颜色(C)] 命令，打开颜色面板，设置其面板参数，如图 7.5.5 所示。

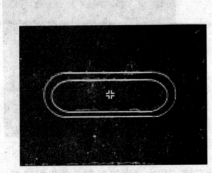

图 7.5.4 绘制圆角矩形

图 7.5.5 设置颜色面板参数

（6）单击工具箱中的"颜料桶工具"按钮，在绘制的图形上方单击进行填充，效果如图 7.5.6

所示。

（7）单击工具箱中的"文本工具"按钮 **T**，在舞台中输入文本"播放"，效果如图 7.5.7 所示。

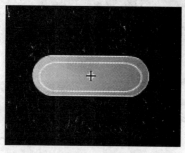

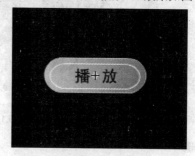

图 7.5.6　填充图形效果　　　　　　　　　图 7.5.7　输入文本

（8）选中舞台中的"按钮"元件实例，然后按"F8"键，弹出"转换为元件"对话框，设置其对话框参数，如图 7.5.8 所示。

（9）双击"播放"按钮元件实例，进入其编辑窗口，分别选中 弹起 、指针... 、按下 和 点击 帧，按"F6"键插入关键帧，如图 7.5.9 所示。

图 7.5.8　"转换为元件"对话框　　　　　　　图 7.5.9　插入关键帧

（10）选中 指针... 帧上的对象，将其适当放大，并更改圆角矩形的填充色为红色到深红色的线性渐变，然后更改文本的颜色为黄色，效果如图 7.5.10 所示。

（11）选中 按下 帧上的对象，将其适当缩小，效果如图 7.5.11 所示。

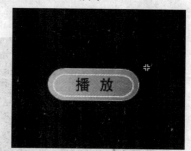

图 7.5.10　"指针经过"帧上的对象　　　　　图 7.5.11　"按下"帧上的对象

（12）在库面板中的 播放 元件上单击鼠标右键，弹出"直接复制元件"对话框，设置其对话框参数，如图 7.5.12 所示。

（13）设置好参数后，单击  按钮，此时的库面板如图 7.5.13 所示。

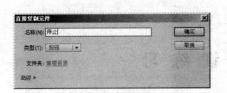

| 图 7.5.12 "直接复制元件"对话框 | 图 7.5.13 库面板 |

（14）在库面板中双击复制的"停止"按钮元件，进入该元件的编辑窗口，将各关键帧上的文本内容更改为"停止"。

（15）单击 <u>场景 1</u> 图标，返回主场景，单击时间轴面板中的"新建图层"按钮，新建图层 2。

（16）从打开的库面板中将"播放"按钮元件和"停止"按钮元件拖曳到舞台的右下方，效果如图 7.5.14 所示。

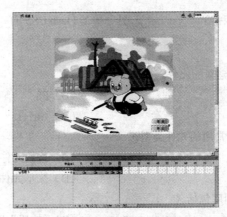

图 7.5.14 将按钮元件拖入舞台中

（17）在舞台中的"播放"按钮元件实例上单击鼠标右键，从弹出的快捷菜单中选择 动作 命令，打开动作面板，为其添加以下动作脚本语句：

```
on (release) {
play();
}
```

（18）选中舞台中的"停止"按钮元件实例，在打开的动作面板中输入以下动作脚本语句：

```
on (release) {
stop();
}
```

（19）在时间轴面板中选中图层 2 中的第 1 帧，在打开的动作面板中输入以下动作脚本语句：

```
stop();
```

（20）按"Ctrl+Enter"键预览动画效果，最终效果如图 7.5.1 所示。

本 章 小 结

本章主要介绍了元件、实例与库应用技巧，包括认识库面板、管理库中的元件、元件的创建与编辑以及实例的创建与编辑等内容。通过本章的学习，读者应熟练掌握这些知识，从而能大大节省制作 Flash 多媒体动画的时间。

实 训 练 习

一、填空题

1. 所谓_____是指可重复使用的图形、按钮或影片剪辑等，一个元件可以产生若干个实例。

2. _____是一种特殊的对象，它只需要创建一次，即可在整个文件中重复使用。

3. 在 Flash CS5 中，用户可以创建 3 种类型的元件，分别为_____、_____和_____。

4. 在整个 Flash 动画的制作过程中，需要用到很多素材，包括声音、元件、图片等，_____提供了保存这些对象的功能。

5. 库分为两种类型：一种是_____，另一种是 Flash CS5 的_____。

二、选择题

1. 按（ ）键，可以创建新的元件。

    （A）Ctrl+F8   （B）F8

    （C）Ctrl+F11   （D）Ctrl+L

2. （ ）是 Flash CS5 最常用的元件类型。

    （A）影片剪辑元件   （B）按钮元件

    （C）实例   （D）图形元件

3. Flash CS5 的内置公用库包括（ ）。

    （A）"声音"库   （B）"按钮"库

    （C）"类"库   （D）"学习交互"库

三、简答题

1. 如何对库中的元素进行分类和更新？

2. 如何将对象转换为元件？

3. Flash CS5 提供的库面板有哪两种？

四、上机操作题

1. 利用本章所学的知识，制作一个卡通计算器。

2. 利用本章所学的知识，制作一个播放按钮。

第 8 章 动画的制作

在 Flash CS5 中,包含了多种类型的动画,一种类型的动画就可以构成一个简单动画,为了使 Flash 作品更加具有表现力和感染力,往往需要在一个 Flash 作品中综合应用不同类型的动画。

知识要点

- 基本动画的制作
- 交互式动画的制作
- 快速动画的制作

8.1 基本动画的制作

在 Flash CS5 中,由于不同动画的生成原理和制作方法不同,其类型也不同,即动画的表达方式也有所不同,如表 8.1 所示。因此,在制作动画之前,需要先确定如何变形图形,然后再选择使用哪种类型的动画。下面介绍 3 种基本动画的制作方法。

表 8.1 动画的不同表达方式

帧外观	说　明
	表示逐帧动画是由许多单个的连续关键帧组成的
	表示在动作补间动画中,关键帧之间用浅蓝色填充,没有箭头
	表示在传统补间动画中,关键帧之间用浅蓝色填充并由箭头连接
	表示在形状补间动画中,关键帧之间用浅绿色填充并由箭头连接
	表示补间是间断的或不完整的,例如,在最后的关键帧已丢失时
	表示关键帧中的内容延续到后面的普通帧中
	出现一个 a 表示已利用动作面板为该帧分配了一个帧动作
落日	红色标记表示该帧包含一个名称
落日	绿色标记表示该帧包含一个注释
落日	金色标记表示该帧是一个命名锚记

8.1.1 逐帧动画

逐帧动画是一种常见的动画形式,其原理是在"连续的关键帧"中分解动画动作,也就是在时间轴的每一帧上逐帧绘制不同的内容,在连续播放时利用人的视觉残留现象,形成流畅的动画效果。通常来说,相似的画面越多,动画效果就越逼真,

逐帧动画的制作方法包括两个要点,一是逐帧添加关键帧,二是在关键帧中绘制或导入不同的图形,这样快速播放就产生了动感。其具体操作方法如下:

(1)新建一个 Flash 文档,选中图层 1 中的第 1 帧,使用工具箱中的多角星形工具和椭圆工具在舞台中绘制一个花瓣图形,然后按"F8"键将其转换为图形元件,如图 8.1.1 所示。

(2)在图层 1 的第 2 帧上按"F6"键插入关键帧,在变形面板中将实例旋转 30°,并将其缩小至"95%",然后在其属性面板中为实例添加"色调"样式,效果如图 8.1.2 所示。

(3)分别在第 3~10 帧上插入关键帧,然后重复步骤(2)的操作,变形各关键帧上的实例,并

为实例添加不同的"色调"样式。

图 8.1.1　舞台中的实例

图 8.1.2　第 2 帧上的实例

（4）选中第 2 帧上的实例，按住"Alt"键拖曳出一个实例副本并调整其大小，如图 8.1.3 所示。

（5）重复步骤（4）的操作，在各关键帧上拖曳出一个实例副本，并置于不同的位置，然后将第 10 帧上的实例在舞台中复制多个并调整其色调样式，效果如图 8.1.4 所示。

图 8.1.3　移动四边形

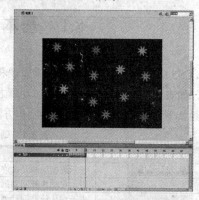

图 8.1.4　逐帧动画效果

（6）至此，逐帧动画已制作完成，按"Ctrl+Enter"键即可预览动画效果。

8.1.2　自动记录关键帧的补间动画

使用自动记录关键帧的补间动画功能可使制作动画更加方便、快捷，同时还可以对每一帧中的对象进行编辑。下面通过制作一个实例，来讲解自动记录关键帧的补间动画的制作方法，其操作步骤如下：

（1）新建一个 Flash 文档，并设置背景颜色为"黑色"。

（2）按"Ctrl+F8"键，弹出"创建新元件"对话框，设置其对话框参数，如图 8.1.5 所示。

（3）单击　确定　按钮，进入该元件的编辑窗口。使用工具箱中的绘图工具在舞台中绘制一个探照灯图形，并对其进行颜色填充，效果如图 8.1.6 所示。

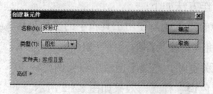

图 8.1.5　"创建新元件"对话框

图 8.1.6　绘制探照灯图形

（4）单击 场景1 按钮，返回主场景。选中图层 1 中的第 1 帧，将库面板中的"探照灯"元件拖曳到舞台中，然后使用工具箱中的任意变形工具 移动实例的中心点，效果如图 8.1.7 所示。

（5）在第 30 帧处按"F6"键插入关键帧，并将其旋转一定的角度，然后在第 1 帧至第 30 帧间的任意一帧上单击鼠标右键，从弹出的快捷菜单中选择 创建补间动画 命令，创建一段补间动画，如图 8.1.8 所示。

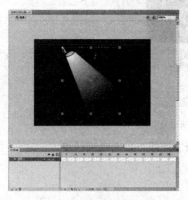 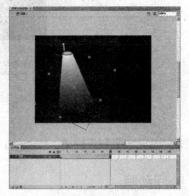

图 8.1.7　移动实例的中心点　　　　　　　　图 8.1.8　创建补间动画

（6）选中第 5 帧，使用工具箱中的任意变形工具旋转舞台中的实例，效果如图 8.1.9 所示。

（7）选中第 10 帧，使用任意变形工具对舞台中的"探照灯"实例进行旋转，如图 8.1.10 所示。

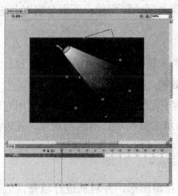 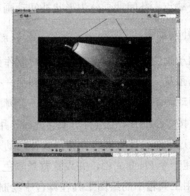

图 8.1.9　第 5 帧中的实例　　　　　　　　　图 8.1.10　第 10 帧中的实例

（8）选中第 15 帧，使用任意变形工具对舞台中的"探照灯"实例进行旋转，如图 8.1.11 所示。

（9）选中第 20 帧，使用任意变形工具对舞台中的"探照灯"实例进行旋转，如图 8.1.12 所示。

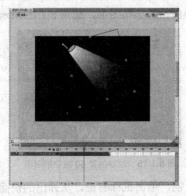 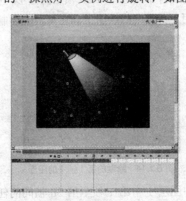

图 8.1.11　第 15 帧中的实例　　　　　　　　图 8.1.12　第 20 帧中的实例

（10）选中第25帧，使用任意变形工具对舞台中的"探照灯"实例进行旋转，如图8.1.13所示。

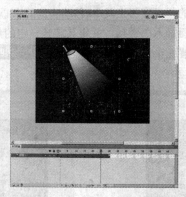

图 8.1.13　第 25 帧中的实例

（11）至此，该动画已制作完成，按"Ctrl+Enter"键即可预览动画效果。

8.1.3　补间动画

逐帧动画虽然有着动作细腻的特点，但是由于它要求用户必须熟练掌握运动规律以及具有一定的绘画基础，因此 Flash 提供了另一种制作动画的方法，那就是补间动画，它避免了逐帧动画制作烦琐与容量过大等缺点。补间动画分为形状补间动画和传统补间动画两种，下面分别对其进行介绍。

1．形状补间动画

形状补间动画的工作原理是首先由用户制作好两个关键帧，然后再由 Flash 通过计算生成中间各帧，从而使动画从一个关键帧自然地过渡到另一个关键帧。

形状补间动画不可以直接作用于群组、实例、文本和位图等对象上，如果要使用它们制作形状补间动画，必须按"Ctrl+B"键进行分离。此时，用鼠标单击被彻底打散后的对象，其表面将被网格所覆盖。下面通过一个具体实例来介绍形状补间动画的制作过程，操作步骤如下：

（1）新建一个 Flash 文档，并设置背景颜色为"黑色"。

（2）使用工具箱中的绘图工具在舞台中绘制一个花瓣图形，并对其进行填充，效果如图 8.1.14 所示。

（3）选中第50帧，按"F6"键插入关键帧。

（4）使用选择工具选中第50帧上的图形，按"Delete"键将其删除。

（5）使用工具箱中的绘图工具在舞台中绘制一个白色的小鸟图形，如图8.1.15所示。

图 8.1.14　绘制的第 1 帧中的图形

图 8.1.15　绘制的第 50 帧中的图形

（6）选中图层 1 中第 1 帧至第 50 帧间的任意一帧，单击鼠标右键，从弹出的快捷菜单中选择

创建补间形状 命令，此时，在两个关键帧之间将出现一条带箭头的直线，并且帧的背景变为淡绿色，如图 8.1.16 所示。

图 8.1.16　创建补间形状效果

（7）至此，该动画已制作完成，按"Ctrl+Enter"键即可预览动画效果。

如果要使用变形参考点控制形状变化，可按以下操作步骤进行：

（1）打开一个形状补间动画，选择该动画中的第 1 个关键帧。

（2）在菜单栏中选择 修改(M) → 形状(P) → 添加形状提示(A) 命令。此时，舞台中将出现一个红色的圆圈，如图 8.1.17 所示，该圆圈即为变形参考点。

图 8.1.17　添加变形参考点

（3）当用户将鼠标指针移至该圆圈上时，指针会变为形状。此时，单击并拖动鼠标，即可将该圆圈移至合适位置，如图 8.1.18 所示。

图 8.1.18　移动变形参考点的位置

（4）选择该动画中的最后一个关键帧，此时，可以看到该帧中的图形上也有一个红色的圆圈，该圆圈中的字母也是 a，如图 8.1.19 所示。

（5）重复步骤（3）的操作，将该参考点移至合适的位置，该圆圈将会变成绿色，如图 8.1.20 所示。

图 8.1.19　显示最后一个关键帧中的变形参考点

图 8.1.20　移动变形参考点的位置

（6）单击选中第 1 个关键帧，此时，该帧上的变形参考点已变为黄色，如图 8.1.21 所示。

图 8.1.21　变形参考点变为黄色

（7）重复步骤（2）～（3）的操作，在图形中添加其他变形参考点，如图 8.1.22 所示。

图 8.1.22　添加其他变形参考点

2．传统补间动画

传统补间动画和形状补间动画的工作原理基本相同，也需要制作两个关键帧，然后再由 Flash 通过计算生成中间各帧。传统补间动画的起止对象必须为元件，而且必须为同一个元件。因此，若要使用群组、文本和位图等对象制作传统补间动画，首先必须将它们转换为元件。

下面通过一个具体实例来介绍传统补间动画的制作过程，具体操作步骤如下：

（1）启动 Flash CS5 应用程序，新建一个 Flash 文档。

（2）将图层 1 重命名为"背景"，然后按"Ctrl+R"键导入一幅位图，如图 8.1.23 所示。

（3）单击时间轴面板中的"新建图层"按钮，新建图层 2。

（4）按"Ctrl+R"键，在舞台中导入一个小鸟动态图片，如图 8.1.24 所示。

 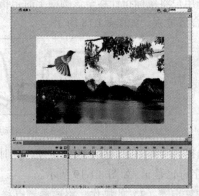

图 8.1.23　导入背景　　　　　　　图 8.1.24　导入小鸟动态图片

（5）选中图层 2 第 1 帧上的位图，按"Ctrl+B"键分离位图，然后使用工具箱中的魔棒工具选中图片中白色的区域，然后按"Delete"键删除白色背景，效果如图 8.1.25 所示。

（6）重复步骤（5）的操作，将图层 2 中其余关键帧上的位图进行分离，并删除白色背景。

（7）在图层 2 中的各关键帧间按"F5"键，适当延长帧动画，然后选中背景图片，将其水平翻转，再在第 20 帧处插入普通帧，效果如图 8.1.26 所示。

（8）在图层 2 中第 1 帧至第 8 帧间的任意一帧上单击鼠标右键，从弹出的快捷菜单中选择

创建传统补间 命令，创建一段传统补间动画，效果如图 8.1.27 所示。

图 8.1.25 编辑第 1 帧上的对象　　　　图 8.1.26 延长帧动画效果

（9）重复步骤（8）的操作，在图层 2 的其他关键帧间创建一段传统补间动画，效果如图 8.1.28 所示。

图 8.1.27 创建传统补间动画　　　　图 8.1.28 制作的小鸟拍翅膀动画效果

（10）至此，该动画已制作完成，按"Ctrl+Enter"键即可预览动画效果。

8.1.4 引导动画

Flash CS5 提供了一种简便方法来实现对象沿着复制路径移动的效果，这就是引导层，带引导层的动画又叫引导线动画。使用引导线动画可以实现如树叶飘落、小鸟飞翔、蝴蝶飞舞、星体运动以及激光写字效果的制作。

引导线动画由引导层和被引导层组成，引导层用于放置对象运动的路径，被引导层用于放置运动的对象，制作引导线的过程实际就是对引导层和被引导层编辑的过程。引导线动画的具体制作方法介绍如下：

（1）启动 Flash CS5 应用程序，新建一个 Flash 文档。

（2）按"Ctrl+R"键，导入一幅背景图片，效果如图 8.1.29 所示。

（3）按"Ctrl+F8"键，新建一个名称为"蜡烛"的图形元件，然后在其编辑区中绘制一个蜡烛图形，效果如图 8.1.30 所示。

（4）单击 场景 1 按钮返回主场景，然后选中图层 1 中的第 30 帧，按"F5"键插入关键帧。

（5）新建图层 2，从库面板中将"蜡烛"元件拖入舞台中，并使用任意变形工具调整其大小，效果如图 8.1.31 所示。

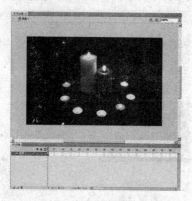

图 8.1.29　导入背景图片

图 8.1.30　绘制蜡烛

（6）在层控制区中的图层 2 上单击鼠标右键，从弹出的快捷菜单中选择 添加传统运动引导层 命令，在图层 2 上方创建一个引导层，图层 2 将自动变为被引导层。

（7）将引导层作为当前图层，然后单击工具箱中的"椭圆工具"按钮 ，在舞台中绘制一个笔触颜色为"黄色"的椭圆线框，效果如图 8.1.32 所示。

图 8.1.31　拖入"蜡烛"元件到舞台中

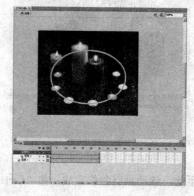

图 8.1.32　绘制的椭圆线框

（8）单击工具箱中的"橡皮擦工具"按钮 ，在绘制的椭圆线框图形中擦出一个缺口，效果如图 8.1.33 所示。

（9）选中图层 2 中的第 1 帧，将"蜡烛"实例的中心点移至椭圆线框的缺口左处作为起始点，效果如图 8.1.34 所示。

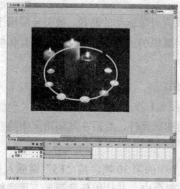

图 8.1.33　擦出缺口

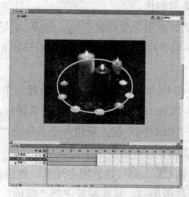

图 8.1.34　将实例拖入起始点

（10）将第 30 帧转换为关键帧，然后将"蜡烛"实例的中心点移至椭圆线框的右缺口处作为终点，效果如图 8.1.35 所示。

（11）在图层 2 中的第 1 帧至第 30 帧间的任意一帧上单击鼠标右键，从弹出的快捷菜单中选择 **创建传统补间** 命令，创建一段运动补间动画，效果如图 8.1.36 所示。

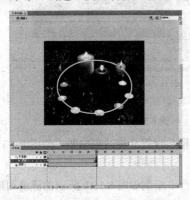
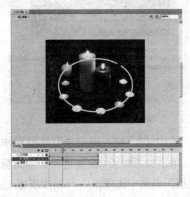

图 8.1.35　将实例拖入结束点　　　　　图 8.1.36　创建运动补间动画

（12）至此，该引导线动画已制作完成，按"Ctrl+Enter"键即可预览动画效果。

提示：在创建引导线动画时，应选中工具箱中的"贴紧至对象"按钮，以方便将对象的中心点自动吸附到引导线的起始点和终点。

8.1.5　遮罩动画

遮罩动画是 Flash CS5 中一个很重要的动画类型，很多效果丰富的动画都是通过遮罩动画来完成的。在 Flash 的图层中有一个遮罩图层类型，为了得到特殊的显示效果，可以在遮罩层上创建一个任意形状的"视窗"，遮罩层下方的对象可以通过该"视窗"显示出来，而"视窗"之外的对象将不会显示。

在 Flash 动画中遮罩主要有两种用途，一种是作用于整个场景或一个特定区域，使场景外的对象或特定区域外的对象不可见；另一种是作用于遮罩住某一个元件的一部分，从而实现一些特殊效果。遮罩层中的对象在播放时是看不到的，遮罩层中的对象可以是按钮、影片剪辑、图形、位图以及文字等，但不能使用线条，如果一定要用线条，可以将线条转化为"填充"。被遮罩层中的对象只能透过遮罩层中的对象被看到，被遮罩层中的对象可以是按钮、影片剪辑、图形、位图、文字以及线条。遮罩动画的具体制作方法如下：

（1）启动 Flash CS5 应用程序，新建一个 Flash 文档。

（2）将图层 1 重命名为"背景"图层，然后按"Ctrl+R"键，在舞台中导入一幅水波图片，效果如图 8.1.37 所示。

（3）选中图层 1 中的第 30 帧，按"F5"键插入帧。

（4）单击时间轴面板下方的"插入图层"按钮，新建图层 2，然后在时间轴面板中的层名区中将该图层重命名为"水纹"。

（5）按住"Alt"键将背景图层中的第 1 帧复制到水纹图层的第 1 帧上，然后将复制的背景图层向上移动一定的距离，效果如图 8.1.38 所示。

图 8.1.37　导入背景图片

图 8.1.38　复制并移动背景图片

（6）按"Ctrl+F8"键，弹出"创建新元件"对话框，设置其对话框参数，如图 8.1.39 所示。设置好参数后，单击　确定　按钮进入其编辑窗口。

（7）使用工具箱中的矩形工具和橡皮擦工具在舞台中绘制如图 8.1.40 所示的涟漪图形。

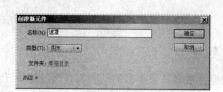

图 8.1.39　"创建新元件"对话框

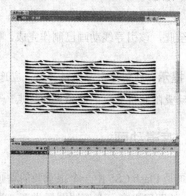

图 8.1.40　绘制涟漪图形

（8）单击 图标，返回场景 1，然后新建一个名称为"遮罩"的图层。

（9）选择菜单栏中的 窗口(W) → 库(L) 命令，打开如图 8.1.41 所示的库面板。

（10）选中遮罩图层中的第 1 帧，从库面板中将"遮罩"元件拖曳到舞台中，并使用工具箱中的任意变形工具 调整"遮罩"实例的大小及位置，效果如图 8.1.42 所示。

图 8.1.41　库面板

图 8.1.42　拖入"遮罩"元件到舞台中

（11）在遮罩图层的第 15 帧处插入关键帧，并使用任意变形工具 调整"遮罩"实例的大小及位置，然后在遮罩图层的第 1 帧至第 15 帧间的任意一帧上单击鼠标右键，从弹出的快捷菜单中选择

创建传统补间 命令，创建一段变形动画，效果如图 8.1.43 所示。

（12）将遮罩图层的第 30 帧转换为关键帧，然后重复步骤（11）的操作，创建一段变形动画，效果如图 8.1.44 所示。

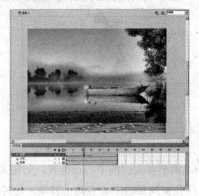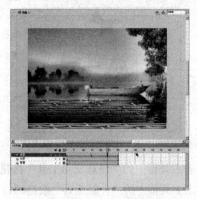

图 8.1.43　第 1 次水波涟漪效果　　　　　　图 8.1.44　第 2 次水波涟漪效果

（13）在层控制区的遮罩图层上单击鼠标右键，从弹出的快捷菜单中选择 遮罩层 命令，将普通层转换为遮罩图层，效果如图 8.1.45 所示。

图 8.1.45　创建遮罩动画效果

（14）至此，该遮罩动画已制作完成，按"Ctrl+Enter"键即可预览动画效果。

8.1.6　反向运动动画

反向运动（IK）是一种使用骨骼对对象进行动画处理的方式，这些骨骼按父子关系链接成线性或枝状的骨架。创建反向运动动画时，可以向影片剪辑、图形和按钮实例添加 IK 骨骼，若要使用文本，必须先将其转换为元件。添加 IK 骨骼后，在一个骨骼移动时，与启动运动的骨骼相关的其他连接骨骼也会移动，使用反向运动进行动画处理时，只需指定对象的开始位置和结束位置即可。

在 Flash CS5 中，创建反向运动动画的方式与创建其他动画的方式不同。对于骨架，只需向骨架图层中添加帧并在舞台上重新定位骨架即可创建关键帧。骨架图层中的关键帧称为姿势，每个姿势图层都自动充当补间图层。要在时间轴中对骨架进行动画处理，可以使用鼠标右键单击骨架图层中要插入姿势的帧，然后在弹出的快捷菜单中选择 插入姿势 命令插入姿势，并使用选择骨架更改骨架的配置。Flash 会自动在时间轴中更改动画的长度，直接拖曳骨骼图层中末尾的姿势即可。下面以制作孔雀走路为例来介绍反向运动动画的制作方法，其具体操作步骤如下：

（1）启动 Flash CS5 应用程序，新建一个 Flash 文档。

（2）使用工具箱中的绘图工具在舞台中绘制一个孔雀图形，效果如图 8.1.46 所示。

（3）分别选中孔雀的头、颈部等部位，按"F8"键将其转换为图形元件，如图 8.1.47 所示。

图 8.1.46　绘制孔雀图形

图 8.1.47　将图形各部分转换为元件

（4）单击工具箱中的"任意变形工具"按钮，调整各实例的中心点位置，如图 8.1.48 所示。

（5）单击工具箱中的"骨骼工具"按钮，选择孔雀颈部的中心点向上移动，此时，在时间轴面板中出现"骨架"的图层，如图 8.1.49 所示。

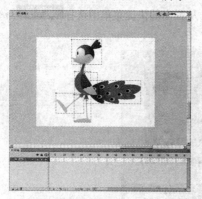

图 8.1.48　调整实例中心点位置

图 8.1.49　创建"骨架"图层

（6）使用骨骼工具连接孔雀的其他部位，在全部连接好骨骼后，图层 1 中的关键帧已变为空白关键帧，即图形全部被转移到"骨架"的图层中，然后在"骨骼"图层中的第 40 帧处插入帧，效果如图 8.1.50 所示。

（7）选中"骨骼"图层中的第 1 帧，单击工具箱中的"选择工具"按钮，在舞台中对连接好的部位进行移动，在移动的过程中，可以使用任意变形工具重新调整中心点的位置，此时连接的骨骼也会自动进行位置的调整，效果如图 8.1.51 所示。

图 8.1.50　连接孔雀的其他部位

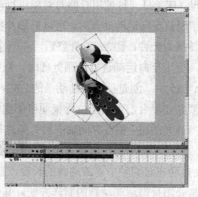

图 8.1.51　第 1 帧中的姿势

（8）先分别选中"骨骼"图层中的第 10，20，30 帧，然后重复步骤（7）的操作，在各帧上创建不同的姿势，效果如图 8.1.52 所示。

第 10 帧　　　　　　　　第 20 帧　　　　　　　　第 30 帧

图 8.1.52　创建不同的姿势效果

（9）至此，反向运动动画已制作完成，此时的时间轴面板如图 8.1.53 所示，按"Ctrl+Enter"键即可预览动画效果。

图 8.1.53　创建反向运动动画

提示：Flash CS5 包括两个用于处理 IK 的工具，使用骨骼工具可以向元件实例和形状添加骨骼；使用绑定工具可以调整形状对象的各个骨骼和控制点之间的关系。

8.2　交互式动画的制作

所谓交互动画，是指在动画作品播放时支持事件响应和交互功能的一种动画，也就是说，动画播放时可以接受某种控制。这种控制可以是动画播放者的某种操作，也可以是在动画制作时预先准备的操作。这种交互性提供了观众参与和控制动画播放内容的手段，使观众由被动接受变为主动选择。

交互动画是由触发动作的事件、事件的目标和触发事件的动作 3 个因素组成的，例如单击按钮后，影片开始播放这一事件。其中，单击是触发动作的事件，按钮是事件的目标，影片开始播放是触发事件的动作。换句话说，事件、目标和动作构成了一个交互式动画。

8.2.1　ActionScript 的常用术语

ActionScript 是 Flash 专用的编程语言，通过它可以为 Flash 动画增加交互功能，它与其他的脚本语言一样，也使用专门的术语，下面简单介绍 ActionScript 的一些常用术语。

（1）动作：动作是 ActionScript 语言的灵魂和编程的核心，用于指定动画在播放时要执行何种操作。例如，stop 动作用于停止动画的播放；play 动作用于开始动画的播放。

（2）对象：对象是属性和方法的集合，每个对象都拥有自己的名字和值，通过对象可以自由访问某种类型的信息。例如，用户通过 Date( )使对象可以访问来自系统时钟的信息。

（3）事件：在很多情况下，动作是不能独立执行的，而是要满足一定的条件，即要有鼠标的经过、单击或离开以及键盘上某键的敲击等事件对其进行触发。例如，在以下代码中，"release" 代表了"单击按钮并且放开"这个事件，该事件触发了"移动到第 10 帧并且停止"这个动作。

```
on(release) {
gotoAndStop(10);
}
```

（4）方法：方法是分配给某个对象的函数。在一个函数被分配给某对象之后，它可作为该对象的方法被调用。例如，在以下代码中，"clear" 变成了 "controller" 对象的方法。

```
function Reset(){
x_pos = 0;
x_pos = 0;
}controller.clear = Reset;
controller.clear();
```

（5）类：类是一种数据类型，用于定义新的对象类型。如果要定义一个新的对象类，必须先创建一个构造器函数。

（6）常量：常量也叫做常数，是不能改变的元素。例如，常量 Key.TAB 总是用来代表键盘上的 Tab 键。

（7）变量：变量是一种可以保留任何数据类型值的标识符。它可以被创建、改变或者更新。例如，在以下代码中等号左边的标识符就是变量。

```
a=50;
width=25;
hername="mm";
```

（8）属性：属性是对象的某种性质。例如，_quality 指对象的品质属性；_alpha 指对象的透明度属性。

（9）参数：参数可以把值传递给函数。例如，在以下代码中，参数 "firstName" 和 "hobby" 把值传递给了 "welcome( )" 函数。

```
function welcome(firstName, hobby) {
welcomeText ="Hello," + firstName + "I see you enjoy " + hobby;
}
```

（10）实例：实例是属于某个类的对象，一个类可以产生若干个类的实例，且每个实例都包含该类的所有特性和方法。例如，所有的影片剪辑都是 MovieClip 类的实例，因此可以将_alpha 和_visible 等 MovieClip 类的方法或属性应用于任何影片剪辑实例。

（11）实例名称：实例名称是在脚本中指向影片剪辑实例的名称，该名称必须是唯一的。例如，在以下代码中将实例名称为 "mm" 的影片剪辑实例复制了 5 次。

```
do {
duplicateMovieClip("mm","mm"+i,i)
i=i+1;
}while(i<=5);
```

（12）数据类型：数据类型是一组值和对这些值进行运算的操作符，在 ActionScript 中包含有多种数据类型。例如，字符串、数字、布尔值、对象、影片剪辑、函数和空值等都是数据类型。

（13）表达式：表达式是能够产生值的任意语句。例如，3+2 就是一个表达式。

（14）构造器：构造器是用于定义类的函数。例如，要定义一个圆类，必须首先创建一个构造器函数 Circle( )，然后再在其中定义圆心的坐标和圆的半径。

function Circle(x, y, radius){

this.x = x;

this.y = y;

this.radius = radius;

}

（15）函数：函数是用于传送参数并能返回值的可重用代码块。例如，函数 getTimer( )用于返回当前动画已经播放的时间；函数 getVersion( )用于返回当前动画所用播放器的版本。

（16）标识符：标识符是用于识别变量、属性、对象、函数或方法的名称，它的第一个字符必须是字母、下画线或美元符号，其后的字符必须是字母、下画线、美元符号或数字。例如，miaomiao 是一个合法的标识符，而 1abcd 则不是合法的标识符。

（17）运算符：运算符是通过一个或多个值计算出新值的符号。例如，加法运算符用于把两个或多个值加到一起，产生一个新值。

（18）目标路径：目标路径是由变量、对象或实例名称等组成的表达结构，使用目标路径可以获取某个变量的值。

8.2.2 ActionScript 的语法规则

ActionScript 拥有自己的语法规则，用户必须遵守这些规则才能创建出正确的脚本。

（1）点语法。点 "." 用于指明某个对象或影片剪辑的属性和方法，也可用于标识影片剪辑或变量的目标路径。点语法表达式以对象或影片剪辑的名称开始，后面跟着一个点，最后以要指定的属性、方法或者变量作为结束。例如，在以下代码中_x 指明 catMC 影片剪辑在 X 轴上的位置：

catMC._x;

（2）大括号。大括号 "{}" 用于将事件、类定义和函数等组合成语句块，例如：

on(release){

myDate = new Date();

currentMonth = myDate.getMonth();

}

（3）中括号。中括号 "[ ]" 用于定义、初始化数组以及获取数组中的项，例如：

My Array= [ ];

My Array = ["red","orange","yellow"];

My Array[0] ="red";

（4）小括号。小括号 "( )" 用于重置表达式运算符的优先级或者放置函数的相关参数，例如：

(a+3)*4;

function Line (x1,y1,x2,y2){...};

（5）分号。分号 ";" 用于表示语句的结束，例如：

var yourNum:Number = 50;

（6）注释。注释是用户使用简单易懂的句子对代码进行的注解，编译器不会对它进行求值运算。如果要添加注释，必须在注释前插入 "//" 符号，例如：

//定义 Line 函数

function Line (x1,y1,x2,y2){...};

（7）大小写。在 Flash CS5 中，所有的关键字、类名、外部脚本等均区分大小写。在编程时，应该遵守大小写规则。例如，以下代码中的 p 没有区分大小写，因此，该行代码是无法进行编译的：

setproperty(ball,_xscale,scale);

8.2.3 数据与运算

ActionScript 作为一种编程语言，它拥有自己的常量、变量、数据类型和运算符，并按一定的规则组合在一起，成为表达式，下面分别进行介绍。

1. 常量

常量是指具有无法改变的固定值的属性。ActionScript 3.0 新加入 const 关键字用来创建常量，在创建常量的同时，需为常量进行赋值。常量创建的格式如下：

const 常量名:数据类型=常量值

下面的例子定义常量后，在方法中使用常量：

public const i:Number=3.1415926;   //定义常量

public function myWay()

{

trace(i);   //输出常量

2. 变量

变量主要用来保存数据。变量在程序中起着十分重要的作用，例如，存储数据、传递数据、比较数据、简练代码、提高模块化程度和增加可移植性等。

（1）声明变量。在使用变量时首先要声明变量，声明变量时，可以为变量赋值，也可等到使用变量时再为变量赋值。在 ActionScript 3.0 中，使用 var 关键字来声明变量，其格式如下：

var 变量名:数据类型;

var 变量名:数据类型=值;

变量名加冒号加数据类型就是声明的变量的基本格式。要声明一个初始值，需要加上一个等号并在其后输入响应的值，但值的类型必须要和前面的数据类型一致。例如：

year+"年"+month+"日"+day+"日"

hour+":"+minutes+":"+seconds

（2）变量的命名规则。变量的命名既是任意的，又是有规则、有目的的。变量的命名首先要遵循以下规则：

1）变量名必须是一个标识符。它的第一个字符必须是字母、下画线或美元符号，其后的字符必须是字母、数字、下画线或美元符号。不能使用数字作为变量名称的第一个字母。

2）变量名不能是关键字或动作脚本文本，例如 true，false，null 或 undefined。特别不能使用

ActionScript 的保留字，否则编译器会报错。

3）变量名在其范围内必须是唯一的，不能重复定义变量。

（3）变量的作用域。变量的作用域指可以使用或者引用该变量的范围，通常变量按照其作用域的不同可以分为全局变量和局部变量。全局变量指在函数或者类之外定义的变量，而在类或者函数之内定义的变量为局部变量。

全局变量在代码的任何位置都可以访问，因此在函数之外声明的变量同样可以访问，如下面的代码，函数 Test()外声明的变量 i 在函数体内同样可以访问。

```
Var i:int=8;
//定义 Test 函数
function Test() {
trace(i);
}
Test()//输出：8
```

（4）变量的默认值。变量的默认值是指变量在没有赋值之前的值。例如，Boolean 型变量的默认值是 false；int 型变量的默认值是 0；Number 型变量的默认值是 NaN；Object 型变量的默认值是 null；String 型变量的默认值是 null；uint 型变量的默认值是 0；*型变量的默认值是 undefined。

3. 数据类型

数据类型指某个变量或 ActionScript 元素能够拥有的信息类型，在 ActionScript 中，常用的数据类型有数值、字符串和逻辑值 3 种。

（1）数值型。该类数据是具有数学意义的数，可以用数学运算符加（+）、减（-）、乘（*）、除（/）、求模（%）、递增（++）、递减（--）等进行处理，例如：

```
total=300*price;
i=i+1;
```

（2）逻辑型。该类数据可以是 true 或 false，有时，ActionScript 也把 true 和 false 转化为 1 和 0。布尔值常和逻辑操作符一起使用，来比较和控制一个程序脚本的流向。例如，在以下代码中如果变量 Name 和变量 Password 的值都为 true，则播放影片剪辑。

```
onClipEvent(enterFrame) {
if ((Name==true)&&(Password==true)) {
play();
}
}
```

（3）字符串型。字符串是由字母、数字、标点等组成的字符序列，在 ActionScript 中，应将字符串括在单引号或双引号中。例如，以下代码中的 HaoFeiEr 就是一个字符串。

```
myname="HaoFeiEr";
```

用户可以使用"+"操作符连接两个字符串，在连接时，ActionScript 会精确地保留字符串两端的空格。例如，以下代码在执行后的结果为 c="Hello Goodbye"。

```
a="Hello";
b=" Goodbye";
//在字母 G 前有一个空格
```

c=a+b;

要在字符串中包含引号,可以在其前面加一个反斜杠 "\" 将字符转义。在 ActionScript 中,还有一些字符需要通过转义序列来表示,如表 8.2 所示。

表 8.2 转义字符及相应序列

转义字符	转义序列
退格符	\b
换页符	\f
换行符	\n
回车符	\r
制表符	\t
双引号	\"
单引号	\'
反斜杠	\\
以八进制指定的字节	\000~\377
以十六进制指定的字节	\x00~\xFF
以十六进制指定的 16 位 Unicode 字符	\u0000~\uFFFF

4. 运算符和表达式

运算符是指能够对常量和变量进行运算的符号。利用运算符可以进行一些基本的运算,被运算的对象称为操作数,即被运算符用做输入的值。在 Flash CS5 中提供了大量的运算符,如算术运算符、字符串运算符和逻辑运算符等。如果需要使用运算符,可以在一般的函数或语句的 value 文本框中直接输入,也可以单击动作工具箱中的 **运算符** 选项,在其子菜单中双击一个运算符,添加到命令脚本窗口中。

表达式是指将运算符和运算对象连接起来符合语法规则的式子,也可以理解为计算并能返回一个值的任何语句。

(1)运算符的优先级和结合律。运算符的优先级和结合律决定了运算符的处理顺序。虽然编译器先处理乘法运算符 "*",然后再处理加法运算符 "+",这已成为默认的运算规律,但实际上编译器要求显式指定先处理哪些运算符,此类指令统称为 "运算符优先级"。

ActionScript 3.0 定义了一个默认的运算符优先级,可以使用小括号运算符 "( )"。下面的例子中使用小括号改变默认优先级,强制编译器先处理加法运算符,然后再处理乘法运算符。

var sum:uint=(3+ 4)*4;

trace(sum)

//输出 28,而不是 19

(2)算术运算符和算术表达式。算术运算符可以执行加、减、乘、除和其他算术运算,其中增量或减量运算符最常见的用法是 i++,++i 或 i--,--i,算数运算符如表 8.3 所示。算术表达式是指将算术运算符和括号将运算对象连接起来的符合语法规则的式子。

表 8.3 数值运算符

运算符	执行的运算
+	加
-	减
*	乘
/	除
%	取模
++	递增
--	递减

（3）比较运算符和比较表达式。比较运算符用于比较两个表达式的值，然后返回一个布尔值（true或 false），比较运算符如表 8.4 所示。比较运算符最常用于条件语句和循环语句中。

表 8.4　比较运算符

运算符	执行的运算
<	小于
>	大于
<=	小于或等于
>=	大于或等于

（4）赋值运算符和赋值表达式。赋值运算符（=）用于为变量赋值，赋值运算符如表 8.5 所示。赋值运算符将变量和表达式连接起来形成赋值表达式。

表 8.5　赋值运算符

运算符	执行的运算
=	赋值
+=	相加并赋值
-=	相减并赋值
*=	相乘并赋值
%=	求余并赋值
/=	相除并赋值
<<=	按位左移并赋值
>>=	按位右移并赋值
>>>=	无符号按位右移并赋值
^=	按位异或并赋值
|=	按位或并赋值
&=	按位与并赋值

使用赋值运算符为变量赋值时，可以一次只为一个变量赋值，也可以一次为多个变量赋值，例如：
name="shanxi";
a=b=c=8;

（5）等于运算符和等于表达式。等于运算符（==）可以确定两个操作数的值或者标识是否相等并返回一个布尔值，等于运算符如表 8.6 所示。在使用等于运算符时，如果操作数为字符串、数字或布尔值，会按照值进行比较；如果操作数为对象或数组，会按照引用进行比较。等于运算符和操作数连在一起就形成等于表达式，例如：if (n==100)。如果将表达式写成 n=100，则是错误的。该表达式完成的是赋值操作而不是比较操作。

表 8.6　等于运算符

运算符	执行的运算
==	等于
===	完全等于
!=	不等于
!==	完全不等于

完全等于运算符（===）与等于运算符（==）相似，但有区别：完全等于运算符不执行类型转换。如果两个操作数属于不同的类型，完全等于运算符会返回 false，不完全等于运算符（!==）会返回完全等于运算符的相反值。

（6）逻辑运算符和逻辑表达式。逻辑运算符是对布尔值（true 或 false）进行比较，然后返回第

3 个布尔值，逻辑运算符如表 8.7 所示。逻辑运算符和操作数连在一起形成逻辑表达式。在逻辑表达式中当两个操作数都为 true 时，逻辑与表达式才为真，否则全为假；当两个操作数都为 false 时，逻辑或表达式才为假，否则全为真。

表 8.7　逻辑运算符

运算符	执行的运算
&&	逻辑与
||	逻辑或
!	逻辑非

8.2.4　函数

函数是一种一次编写后可以在动画文件中反复使用的脚本代码块。如果将值当做参数传递给函数，该函数将对这些值执行运算，函数也可以返回值。Flash CS5 中内置了许多使用的函数，它们被分为影片剪辑控制函数、时间轴控制函数以及浏览器/网络函数等，每一类函数都有其独特的功能，下面对其进行具体介绍。

1．影片剪辑控制函数

在制作 Flash 动画中，影片剪辑控制函数是用来控制影片剪辑的命令语句，常用的影片剪辑控制函数包括以下几种：

（1）duplicateMovieClip 函数：此函数用于动态地复制影片剪辑实例。其语法格式为：
duplicateMovieClip(目标，新名称=" ",深度);

1）目标：要复制的影片剪辑实例路径和名称。

2）新名称：指复制后的影片剪辑实例名称。

3）深度：指已经复制的影片剪辑实例的堆叠顺序编号。

（2）removeMovieClip 函数：此函数用于删除复制的影片剪辑。其语法格式为：
removeMovieClip("复制的影片剪辑实例路径和名称");

（3）getProperty 函数：此函数用于获取某个影片剪辑实例的属性。常常用来动态地设置影片剪辑实例属性。其语法格式为：

getProperty(目标，属性);

1）目标：要获取属性的影片剪辑实例名。

2）属性：影片剪辑实例的一个属性。

（4）setProperty 函数：此函数用于设置影片剪辑的属性值。其语法格式为：

setProperty(目标，属性，值);

1）目标：指定要设置其属性的影片剪辑实例名称的路径。

2）属性：指定要控制何种属性，例如透明度、可见性、放大比例等。

3）值：指定属性对应的值。

（5）on 函数：此函数用于触发动作的鼠标事件或者按键事件。on 函数可以捕获当前按钮（button）中的指定事件，并执行相应的程序（statements）。其语法格式为：

on(参数){程序块; //触发事件后执行的程序块}

其中"参数"指定了要捕获的事件，具体事件如下：

1）press：当按钮被按下时触发该事件。

2）release：当按钮被释放时触发该事件。

3）releaseOutside：当按钮被按住后鼠标移动到按钮以外并释放时触发该事件。

4）rollOut：当鼠标滑出按钮范围时触发该事件。

5）rollOver：当鼠标滑入按钮范围时触发该事件。

6）dragOut：当按钮被鼠标按下并拖曳出按钮范围时触发该事件。

7）dragOver：当按钮被鼠标按下并拖曳入按钮范围时触发该事件。

8）keyPress("key")：当参数（key）指定的键盘按键被按下时触发该事件。

（6）onClipEvent 函数：此函数用于触发特定影片剪辑实例定义的动作。其语法格式为：

onClipEvent(参数){程序块；//触发事件后执行的程序块}

其中"参数"是一个称为事件的触发器。当事件发生时，执行事件后面大括号中的语句。具体的参数如下：

1）load：影片剪辑实例一旦被实例化并出现在时间轴上，即启动该动作。

2）unload：从时间轴中删除影片剪辑后，此动作在第 1 帧中启动。在向受影响的帧附加任何动作之前，先处理与 unload 影片剪辑事件关联的动作。

3）enterFrame：以影片剪辑帧频不断触发此动作。首先处理与 enterFrame 剪辑事件关联的动作，然后才处理附加到受影响帧的所有帧动作。

4）mouseDown：当按下鼠标左键时启动此动作。

5）mouseUp：当释放鼠标左键时启动此动作。

6）keyDown：当按下某个键时启动此动作。

7）keyUp：当释放某个键时启动此动作。

8）Data：当在 loadVariables()或 loadMovie()动作中接收数据时启动此动作。当与 loadVariables()动作一起指定时，data 事件只在加载最后一个变量时发生一次。

（7）startDrag 函数：此函数用于在播放动画时，拖动影片剪辑实例。其语法格式为：

startDrag(目标，锁定，左，上，右，下);

1）目标：指定要拖动的影片剪辑的目标路径。

2）锁定：表示拖动时中心是否锁定在鼠标，true 表示锁定，false 表示不锁定。

3）左，上，右，下：指定拖动的范围，该范围是对于未被拖动前的影片剪辑而言的。

（8）stopDrag 函数：此函数用于停止拖动舞台中的影片剪辑实例。其语法格式为：

stopDrag();

2．时间轴控制函数

时间轴控制函数中包括了几种最常用的动作，用于控制影片或影片剪辑元件中的时间轴。理解这些语言的意义，掌握它们的编写与操作，可以轻松实现交互式影片中最为常见的效果，例如控制影片的播放、停止和重新播放等。时间轴控制命令位于全局函数的子文件夹中，常用的时间轴控制函数包括以下几种：

（1）gotoAndPlay 函数：此函数通常加在关键帧或按钮实例上，作用是当动画播放到某帧或单击某按钮时，跳转到指定的帧并从该帧开始播放。其语法格式为：

gotoAndPlay(scene,frame);

（2）gotoAndStop 函数：此函数的作用是当播放头播放到某帧或单击某按钮时，跳转到指定的帧并从该帧停止播放。其语法格式和使用方法与 gotoAndPlay 函数相同。

（3）nextFrame 函数：此函数的作用是从当前帧跳转到下一帧并停止播放。例如，为某按钮添加以下脚本，在单击并释放按钮后，动画将从当前帧跳转到下一帧并停止播放。其语法格式为：

```
on(release){
nextFrame();
}
```

（4）nextScene 函数：此函数的作用是跳转到下一场景并停止播放。当有多个场景时，可以使用此函数使各场景产生交互。其语法格式和使用方法与 nextFrame 函数相同。

（5）play 函数：此函数使影片从它的当前位置开始播放。如果影片由于 stop 动作或 gotoAndStop 动作而停止，那么用户只能使用 play 函数启动，才能使影片继续播放。其语法格式为：

```
play();
```

（6）stop 函数：此函数使得影片停止播放。其语法格式为：

```
stop();
```

（7）stopAllSounds 函数：此函数在不停止播放动画的情况下，使当前播放的所有声音停止播放。其语法格式为：

```
stopAllSounds();
```

3. 浏览器/网络函数

浏览器/网络函数主要用于控制动画的播放，以及链接网络的脚本命令。常用的函数有以下几种：

（1）fscommand 函数：此函数用于.swf 文件与 Flash Player 之间的通信。还可以通过使用 fscommand 动作将消息传递给 Macromedia Director，或者传递给 Visual Basic、Visual C++和其他可承载 ActiveX 控件的程序。其语法格式为：

```
fscommand(命令，参数);
```

1）命令：一个传递给外部应用程序使用的字符串，或者是一个传递给 Flash Player 的命令。

2）参数：一个传递给外部应用程序用于任何用途的字符串，或者是传递给 Flash Player 的一个变量值。

（2）getURL 函数：此函数为按钮或其他事件添加网页地址。其语法格式为：

```
getURL(网址);
```

例如，单击按钮打开谷歌网站，其输入的脚本语句为：

```
on(release){
getURL("http://www.google.com");
}
```

（3）loadMovie 函数：此函数是指在播放原始.swf 文件的同时将.swf 文件或 JPEG 文件加载到 Flash Player 中。其语法格式为：

```
loadMovie(url，目标，方法);
```

1）url：要加载的 swf 文件或 JPEG 文件的绝对或相对 URL。

2）目标：指向目标影片剪辑的路径。

3）方法：可选参数，为一个整数，指定用于发送变量的 HTTP 方法。

（4）unloadMovie 函数：此函数是从 Flash Player 中删除影片剪辑实例。其语法格式为：

```
unloadMovie("要删除的影片剪辑的目标路径");
```

8.2.5　条件/循环语句

在 Flash 编程中,应熟练掌握条件语句和循环语句的使用方法与技巧,以更好地控制动画的播放。

1. 条件语句

条件语句是动作脚本中用来处理根据条件有选择地执行程序代码的语句,有以下 3 种格式:

(1)if 语句:该语句首先判断如果满足条件(结果为 true 时),执行动作序列 1;如果条件为 false,则 Flash 将跳过大括号内的语句,继续运行大括号后面的语句。其语法格式为:

```
if(条件){
动作序列 1
}
```

1)条件:计算结果为 true 或 false 的表达式。

2)动作序列:当条件计算结果为 true 时,执行的一系列命令。

(2)if…else 语句:该语句首先判断条件是否成立,如果条件成立执行动作序列 1;条件不成立,则执行动作序列 2。

```
if(条件) {
动作序列 1
}
else{
动作序列 2
}
```

(3)if…else if 语句:该语句首先判断条件 1 是否成立,若值为 true,则 Flash 执行动作序列 1,若条件 1 不成立,再判断条件 2 是否成立,若成立,Flash 执行动作序列 2,若条件 2 不成立,再判断条件 3,直至条件 n,若条件 1 至 n 都不成立,那么,Flash 将执行动作序列 n+1。

```
if(条件 1){
动作序列 1
}
else if(条件 2){
动作序列 2
}
else if(条件 n){
动作序列 n
}
else{
动作序列 n+1
}
```

2. 循环语句

循环语句是指当条件成立时,将动作重复执行指定的次数。循环语句包括以下 3 种:

(1)for 语句:该语句可以让指定程序代码块执行一定次数的循环。其语法格式为:

for(初始值；条件；下一个){

statement（s）；

}

1）初始值：是一个在开始循环前要计算的表达式，通常为赋值表达式。

2）条件：是一个计算结果为"true"或"false"的表达式。在每次循环前计算该条件，当条件的计算结果为"false"时退出循环。

3）下一个：是一个在每次循环执行后要计算的表达式，通常是使用"++"或"--"运算符的赋值表达式。

4）statement（s）：循环体内要执行的语句。

（2）while 语句：该语句用于在条件成立时一直循环，直到条件不成立时退出。其语法格式为：

while(条件){

指令体

}

1）条件：每次执行 while 语句块时都要重新计算的表达式，结果为 true 或 false。

2）指令体：当条件为 true 时要重复执行的指令序列。

（3）do…while 语句：该语句也可以实现程序按条件循环的执行效果。其语法格式为：

do{

statement(s);

}while(条件)

1）statement（s）：循环体内要执行的语句。

2）条件：执行循环体语句的条件，当条件表达式计算结果为"true"时才会执行循环体语句。

8.2.6 编写动作脚本

动作是 ActionScript 语言的灵魂和编程的核心，如果要为动画添加交互功能，必须通过动作面板编写程序。选择菜单栏中的 窗口(W) → 动作(A) 命令，打开动作面板，如图 8.2.1 所示。

1. 动作工具箱

动作工具箱中包含了所有的动作脚本命令和相关的语法，用户可以将列表中的语言元素选中后插入至脚本窗格中，以创建动画的动作脚本。

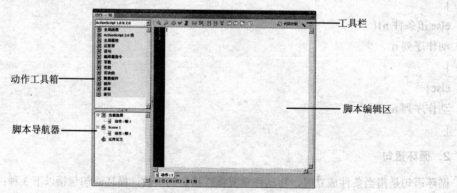

图 8.2.1 动作面板

2．脚本导航器

脚本导航器可显示包含脚本的 Flash 元素（影片剪辑、帧和按钮）的分层列表，使用它可在 Flash 文档中的各个脚本之间变换。

如果用户单击脚本导航器中的某一项目，则与该项目关联的脚本将显示在"脚本"窗格中，并且播放头将移到时间轴上的相应位置。如果使用鼠标双击脚本导航器中的某一项，则该脚本将被固定。

3．脚本编辑区

在动作面板的右侧部分是脚本编辑区，在脚本编辑区中用户可以直接编辑动作、输入动作的参数或删除动作，这和在文本编辑器中创建脚本非常相似。

4．工具栏

在脚本编辑区的上方是工具栏，如图 8.2.2 所示。在编辑脚本时，可以方便适时地使用工具栏中的按钮进行代码的语法格式设置和检查、代码提示、代码着色以及调试等，按钮的功能介绍如下：

图 8.2.2　动作面板的工具栏

（1）"查找"按钮：单击此按钮，将弹出"查找和替换"对话框，如图 8.2.3 所示。用户可以查找并根据需要替换脚本中的文本字符串，不仅可以替换应用该脚本的第一个实例或所有实例，还可以指定是否要求文本的大小写匹配。

（2）"插入目标路径"按钮：在脚本中创建的许多动作都会影响影片剪辑、按钮和其他元件的实例。要将这些动作应用到时间轴上的实例上，需要设置目标路径作为目标的实例地址，可以设置其绝对或相对目标路径。

（3）"语法检查"按钮：可以检查 ActionScript 代码中的语法错误及代码块两边的小括号、大括号或中括号是否齐全，并将错误的语法列在"编辑器错误"面板中供用户查看，如图 8.2.4 所示。

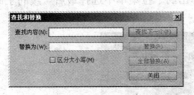

图 8.2.3　"查找和替换"对话框

图 8.2.4　"编辑器错误"面板

（4）"自动套用格式"按钮：用于设置是系统自动还是用户手动设置代码格式及代码的缩进。还可以选择是否使用动态字体映射，以确保在处理多语言文本时使用正确的字体。

（5）"显示代码提示"按钮：如果用户关闭了自动代码提示，可以使用"显示代码提示"手动显示正在编写的代码行的代码提示。

（6）"调试选项"按钮：在脚本中设置和删除断点，以便在调试 Flash 文档时可以在停止后逐行跟踪脚本中的每一行。

（7）"应用块注释"按钮：快速输入块注释符号/**/。

（8）"应用行注释"按钮：快速输入行注释符号//。

（9）"删除注释"按钮：选中注释符号后，单击此按钮即可将其删除。

（10）"隐藏/显示工具箱"按钮：单击此按钮，可以将面板折叠成只剩标题栏的状态，再次单击该按钮，可以将折叠起来的面板展开。

（11）"代码片段"按钮  代码片断：单击此按钮，将打开"代码片段"面板，如图 8.2.5 所示。用户通过此功能可以将一些预先设计好的代码片段快速应用到正在编辑的文档中或影片剪辑上，这对于那些不是很熟悉 ActionScript 的传统设计人员或者想学习 ActionScript 的新手都很有帮助。

（12）"脚本助手"按钮 ：："脚本助手"将提示用户输入脚本的元素，可以使用户更轻松地向 Flash SWF 文件或应用程序中添加简单的交互性，如图 8.2.6 所示。

图 8.2.5 "代码片段"面板   图 8.2.6 脚本助手功能

（13）"帮助"按钮 ：单击此按钮，可以显示相关的帮助信息。

5．添加动作

使用动作面板添加动作的方法为：选中需要添加 ActionScript 的帧、影片剪辑或按钮，然后执行下列操作之一。

（1）在动作工具箱中找到所需的动作，双击鼠标左键，将其添加到脚本输入区中。

（2）在动作工具箱中找到所需的动作，将其拖动到脚本输入区中。

（3）单击"将新项目添加到脚本中"按钮 ，在弹出的下拉菜单中选择最后一级的子命令（见图 8.2.7），然后单击鼠标左键，将其添加到脚本输入区。

图 8.2.7 选择最后一级的子命令

（4）在脚本输入区中直接输入脚本语句。

8.3 快速动画的制作

Flash CS5 提供了一些简单的交互元件来简化交互式动画的制作，如按钮（Button）、单选按钮

（RadioButton）、复选框（CheckBox）、下拉列表框（ComboBox）以及列表框（List）等，这些交互元件组合起来就形成了 Flash 组件。在 Flash CS5 中使用组件不仅可以减少动画的制作时间，提高工作效率，还可以给 Flash 动画带来统一的标准化界面，

新建一个文档（ActionScript 3.0）后，用户可以选择菜单栏中的 窗口(W) → 组件(X) 命令，或按 "Ctrl+F7" 键打开组件面板，如图 8.3.1 所示。在组件面板中单击 ▶ 图标，将打开一个组，可以看到在其中有许多种组件，如图 8.3.2 所示。每种 Flash 组件都有自己的属性和方法，用户可以通过设置参数修改其外观和行为。

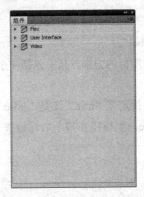

图 8.3.1　组件面板

图 8.3.2　展开组件

由图 8.3.1 可以看出，Flash 提供了 3 种组件类型，其中 User Interface 类型是最常用的组件类型，因此下面将主要对该组件进行详细介绍。

8.3.1　标签（Label）

标签用于为表单的其他组件创建文本标签，也可以使用标签组件来替代普通文本字段。打开组件面板下的 User Interface 类型，在其中选择 T Label 组件，然后按住鼠标左键，将其拖曳到舞台中即可，其属性面板中的参数选项如图 8.3.3 所示。

（1）autoSize：设置标签的大小和对齐方式如何适应文本。

（2）htmlText：设置标签是否采用 HTML 格式。

（3）text：设置标签的文本。

如图 8.3.4 所示为使用 Label 组件创建的标签效果。

图 8.3.3　Label 组件的属性面板

图 8.3.4　创建的标签效果

8.3.2 按钮（Button）

按钮是 Flash 组件中比较简单的一个组件，利用它可执行所有的鼠标和键盘交互事件。打开组件面板下的 User Interface 类型，在其中选择 Button 组件，然后按住鼠标左键，将其拖曳到舞台中即可，其属性面板中的参数选项如图 8.3.5 所示。

（1）emphasized：获取或设置一个布尔值，指示当按钮处于弹起状态时，Button 组件周围是否绘有边框。

（2）enabled：设置组件能否接受用户输入。

（3）label：设置按钮上的显示内容，默认值是"label"。

（4）labelPlacement：确定按钮上的标签文本相对于图标的方向，其中包括 4 个选项：left，right，top 和 bottom，默认值是 right。

（5）selected：如果切换参数的值是 true，则该参数指定是"true"还是"false"，默认值为 false。

（6）toggle：将按钮转变为切换开关。如果值为 true，则按钮在按下后保持按下状态，直到再次按下时才返回到弹起状态，默认值为 false。

（7）visible：获取一个值，显示按钮是否可见。

如图 8.3.6 所示为使用 Button 组件创建的按钮效果。

图 8.3.5　Button 组件的属性面板

图 8.3.6　创建的按钮效果

8.3.3 文本域（TextArea）

在 Flash 中，使用文本域可以提供多行文本的输入。打开组件面板下的 User Interface 类型，在其中选择 TextArea 组件，然后按住鼠标左键，将其拖曳到舞台中即可，其属性面板中的参数如图 8.3.7 所示。

（1）editable：设置 TextArea 组件是否可编辑。

（2）horizontalScrollPolicy：设置是否显示水平滚动条。

（3）htmlText：设置文本字段是否可以采用 HTML 格式。

（4）verticalScrollPolicy：设置是否显示垂直滚动条。

（5）maxChars：：设置限制 TextArea 控件中允许输入的字数。

（6）restrict 设置限制用户能输入的字符。

（7）text：设置组件的文本内容。

（8）wordWrap：设置文本是否自动换行。

如图 8.3.8 所示为使用 TextArea 组件创建的文本域效果。

图 8.3.7 TextArea 组件的属性面板　　　　　　　图 8.3.8 创建的文本域效果

8.3.4 单选项（RadioButton）

利用 UI 组件中的 RadioButton 可以创建多个单选项，并为其设置相应的参数。打开组件面板下的 User Interface 类型，在其中选择 RadioButton 组件，然后按住鼠标左键，将其拖曳到舞台中即可，其属性面板中的参数选项如图 8.3.9 所示。

（1）groupName：单选按钮的组名称，默认值为 radioButtonGroup。

（2）label：设置按钮上的文本值，默认值为 label。

（3）labelPlacement：确定按钮上的标签文本相对于图标的方向，该参数可以是 left，right，top 或 bottom，默认值是 right。

（4）selected：设置单选按钮的初始值是否被选中，被选中的单选按钮会显示一个圆点。一个组内只有一个单选按钮可以有被选中的值（true）；如果组内有多个单选按钮被设置为 true，则会选中最后的单选按钮，默认值为 false。

（5）value：与单选按钮关联的用户定义值。

如图 8.3.10 所示为使用 RadioButton 组件创建的单选项效果。

图 8.3.9 RadioButton 组件的属性面板　　　　　　图 8.3.10 创建的单选项效果

8.3.5 复选框（CheckBox）

在一系列选择项目中，利用复选框可以同时选取多个项目，利用 UI 组件中的 CheckBox 可以创建多个复选框，并为其设置相应的参数。打开组件面板下的 User Interface 类型，在其中选择 CheckBox 组件，然后按住鼠标左键，将其拖曳到舞台中即可，其属性面板中的参数选项如图 8.3.11 所示。

（1）label：设置复选框上的文本值，默认值为 label。

（2）labelPlacement：确定复选框上的标签文本相对于图标的方向，该参数可以是 left，right，top 或 bottom，默认值是 right。

（3）selected：确定复选框的初始状态为选中（true）或取消选中（false）。被选中的复选框中会显示一个勾。

如图 8.3.12 所示为使用 CheckBox 组件创建的复选框效果。

图 8.3.11　CheckBox 组件的属性面板

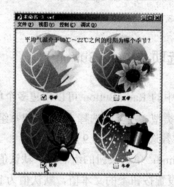

图 8.3.12　创建的复选框效果

8.3.6 列表框（List）

在 Flash 中，使用列表框可以显示图形，也可以包含其他组件。打开组件面板下的 User Interface 类型，在其中选择 List 组件，然后按住鼠标左键，将其拖曳到舞台中即可，其属性面板中的参数选项如图 8.3.13 所示。

（1）dataprovider：获取或设置要查看的项目列表的数据模型，默认值为[ ]，即为空数组。

（2）horizontalLineScrollSize：获取或设置一个值，该值描述当单击滚动箭头时要在水平方向上滚动的内容量，默认值是 4。

（3）horizontalPageScrollSize：获取或设置按滚动条轨道时水平滚动条上滚动滑块移动的像素数。

（4）horizontalScrollPolicy：获取对水平滚动条的引用。有打开（on）、关闭（off）和自动（auto），默认是 auto。

（5）verticalLineScrollSize：获取或设置一个值，该值描述单击滚动箭头时要在垂直方向上滚动多少像素，默认值是 4。

（6）verticalPageScrollSize：获取或设置按滚动条轨道时垂直滚动条上滚动滑块要移动的像素数，默认值是 0。

（7）verticalScrollPolicy：获取对垂直滚动条的引用。有打开（on）、关闭（off）和自动（auto），

默认是 auto。

如图 8.3.14 所示为使用 List 组件创建的列表框效果。

图 8.3.13　List 组件的属性面板　　　　　图 8.3.14　创建的列表框效果

8.3.7　下拉列表框（ComboBox）

Flash 组件中的下拉列表框与对话框中的下拉列表框类似，单击右边的下拉按钮即可弹出相应的下拉列表，以供选择需要的选项。打开组件面板下的 User Interface 类型，在其中选择 ComboBox 组件，然后按住鼠标左键，将其拖曳到舞台中即可，其属性面板中的参数选项如图 8.3.15 所示。

（1）dataprovider：获取或设置要查看的项目列表的数据模型。

（2）editable：决定用户是否可以在下拉列表框中输入文本。如果可以输入则为 true，如果只能选择不能输入则为 false，默认值为 false。

（3）prompt：获取或设置对 ComboBox 组件的提示。

（4）rowCount：设置在不使用滚动条的情况下一次最多可以显示的项目数，默认值为 5。

如图 8.3.16 所示为使用 ComboBox 组件创建的下拉列表框效果。

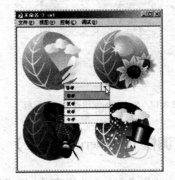

图 8.3.15　ComboBox 组件的属性面板　　　　　图 8.3.16　创建的下拉列表框效果

8.3.8　滚动条（ScrollPane）

如果在某个大小固定的文本框中无法将所有内容显示完全，可以使用滚动条来显示这些内容。滚动条是动态文本框与输入文本框的组合，在动态文本框和输入文本框中添加水平和竖直滚动条，可以通过拖动滚动条来显示更多的内容。打开组件面板下的  User Interface 类型，在其中选择 ScrollPane 组件，然后按住鼠标左键，将其拖曳到舞台中即可，其属性面板中的参数选项如图 8.3.17 所示。

（1）horizontalLineScrollSize：获取或设置一个值，该值描述当单击滚动箭头时要在水平方向上滚动的内容量，默认值是 4。

（2）horizontalPageScrollSize：获取或设置按滚动条轨道时水平滚动条上滚动滑块要移动的像素数，默认值是 0。

（3）horizontalPageScrollPolicy：用于设置是否显示水平滚动条，该值可以为 on，off 或 auto，默认值为 auto。

（4）scrollDrag：用于设置用户在滚动窗格中拖动内容时，该内容是否发生滚动。

（5）source：获取或设置以下内容：绝对或相对 URL（该 URL 标识要加载的 SWF 或图像文件的位置），库面板中影片剪辑的类名称，对显示对象的引用或者与组件位于同一层上的影片剪辑的实例名称。

（6）verticalLineScrollSize：获取或设置一个值，该值描述当单击滚动箭头时要在垂直方向上滚动多少像素，默认值是 4。

（7）verticalPageScrollSize：获取或设置按滚动条轨道时垂直滚动条上滚动滑块要移动的像素数，默认值是 0。

（8）verticalScrollPolicy：该参数用于设置是否显示垂直滚动条，该值可以为 on，off 或 auto，默认值为 auto。

如图 8.3.18 所示为使用 ScrollPane 组件创建的滚动条效果。

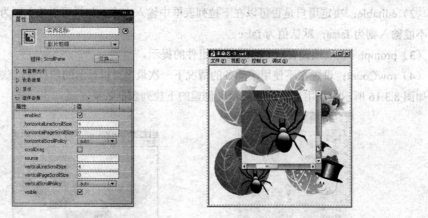

图 8.3.17　ScrollPane 组件的属性面板　　　图 8.3.18　创建的滚动条

8.3.9　微调框（NumericStepper）

微调框是指允许用户在一个数值范围内选择某一值，它只处理数值数据，此外，要显示两个以上的数值位置，在编辑时必须调整微调框的大小。打开组件面板下的 User Interface 类型，在其中选择 NumericStepper 组件，然后按住鼠标左键，将其拖曳到舞台中即可，其属性面板中的参数如图 8.3.19 所示。

（1）Maximum：设置步进的最大值，默认值为 10。

（2）minimum：设置步进的最小值，默认值为 0。

（3）stepSize：设置步进的变化单位，默认值为 1。

如图 8.3.20 所示为使用 NumericStepper 组件创建的输入微调框效果。

图 8.3.19　NumericStepper 组件的属性面板

图 8.3.20　创建的微调框

8.3.10　输入文本框（TextInput）

输入文本框和文本域的功能比较相似，都可以提供文本的输入，不同的是输入文本框智能提供单行文本的输入。打开组件面板下的 User Interface 类型，在其中选择 TextInput 组件，然后按住鼠标左键，将其拖曳到舞台中即可，其属性面板中的参数选项如图 8.3.21 所示。

（1）editable：设置 TextInput 组件是否可编辑。

（2）displayAsPassword：设置字段是否为密码字段。

（3）text：设置文本的内容。

如图 8.3.22 所示为使用 TextInput 组件创建的输入文本框效果。

图 8.3.21　TextInput 组件的属性面板

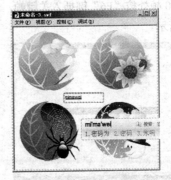

图 8.3.22　创建的输入文本框效果

8.4　应用实例——制作百叶窗效果

本节主要利用所学的知识制作百叶窗效果，最终效果如图 8.4.1 所示。

操作步骤

（1）启动 Flash CS5 应用程序，新建一个 Flash 文档。

图 8.4.1 最终效果图

（2）按"Ctrl+J"键，弹出"文档设置"对话框，设置其对话框参数，如图 8.4.2 所示。设置好参数后，单击 确定 按钮。

（3）按"Ctrl+F8"键，弹出"创建新元件"对话框，设置其对话框参数，如图 8.4.3 所示。设置好参数后，单击 确定 按钮，进入该元件的编辑窗口。

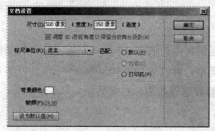

图 8.4.2 "文档设置"对话框

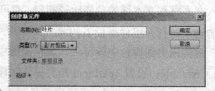

图 8.4.3 "创建新元件"对话框

（4）使用工具箱中的矩形工具 在编辑区中绘制一个笔触颜色为"无"、填充色为"黑色"、宽为"500"、高为"30"的矩形，并将其与舞台中心对齐，效果如图 8.4.4 所示。

（5）在第 30 帧处按"F6"键插入关键帧，然后将第 30 帧处的矩形尺寸改为"500×1"像素，效果如图 8.4.5 所示。

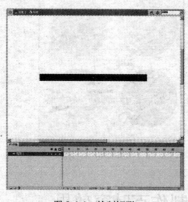

图 8.4.4 绘制矩形

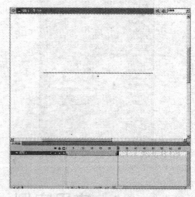

图 8.4.5 更改矩形尺寸

（6）在第 1 帧至第 30 帧间的任意一帧上单击鼠标右键，从弹出的快捷菜单中选择 创建补间形状 命令，创建一段形状补间动画，效果如图 8.4.6 所示。

（7）分别选中第 31 帧和第 50 帧，按"F7"键插入空白关键帧。

（8）选中第 50 帧，按"F9"键，在打开的动作面板中输入如图 8.4.7 所示的脚本语句。

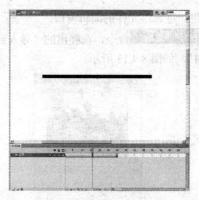

图 8.4.6 创建形状补间动画

图 8.4.7 输入脚本语句

（9）按 "Ctrl+E" 键，返回主场景。

（10）将图层 1 重命名为 "遮罩" 图层，然后从打开的库面板中将创建的 "叶子" 影片剪辑拖曳到舞台中，效果如图 8.4.8 所示。

（11）按住 "Alt" 键，在舞台中拖曳出 11 个实例副本，如图 8.4.9 所示。

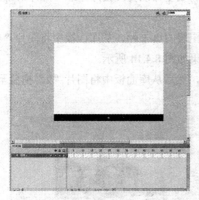

图 8.4.8 拖入 "叶子" 影片剪辑元件

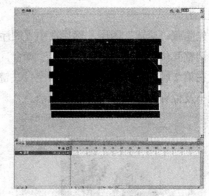

图 8.4.9 复制影片剪辑实例

（12）按 "Ctrl+A" 键，选中舞台中的所有实例，然后按 "Ctrl+K" 键，打开如图 8.4.10 所示的对齐面板。

（13）在对齐面板中单击单击 "垂直居中分布" 按钮 和 "水平居中分布" 按钮 和，将选中的实例居中于舞台中心位置，如图 8.4.11 所示。

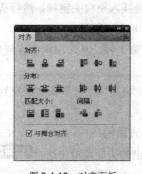

图 8.4.10 对齐面板

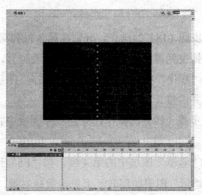

图 8.4.11 对齐实例效果

（14）选中舞台中对齐后的实例，按 "F8" 键，弹出 "转换为元件" 对话框，设置其对话框参数，如图 8.4.12 所示。设置好参数后，单击 确定 按钮，进入该元件的编辑窗口。

（15）选择菜单栏中的 文件(F) → 导入(I) → 导入到库(L)... 命令，在弹出的"导入到库"对话框中导入 4 幅位图，并将其重命名为"1""2""3""4"，如图 8.4.13 所示。

图 8.4.12　"转换为元件"对话框　　　　　　图 8.4.13　库面板

（16）新建图层 2 和图层 3，并在时间轴面板中将其重命名为"倒序"和"顺序"，然后遮罩图层拖曳至最上方。

（17）先隐藏"遮罩"图层，然后选中"顺序"图层的第 1 帧，从库面板中将图片"1"拖曳至舞台中，并调整其位置和大小，使其匹配于舞台，效果如图 8.4.14 所示。

（18）在第 2 帧处按"F7"键，插入空白关键帧，然后从库面板中将图片"2"拖曳至舞台中，并调整其大小及位置，效果如图 8.4.15 所示。

图 8.4.14　第 1 帧上的实例　　　　　　　图 8.4.15　第 2 帧上的实例

（19）重复步骤（18）的操作，分别在第 3 帧和第 4 帧处插入空白关键帧，然后从库面板中将位图"3"和"4"拖曳到舞台中，并调整其大小及位置，如图 8.4.16 所示。

（20）隐藏"顺序"图层，然后选中"倒序"图层中的第 1 帧，从库面板中将创建的位图"2"拖曳至舞台中，并调整其大小及位置。

（21）重复步骤（19）的操作，分别从库面板中将位图"3""4""1"依次拖曳到舞台中，效果如图 8.4.17 所示。

（22）选中"遮罩"图层中的第 4 帧，按"F5"键插入普通帧。

（23）在"遮罩"图层的层名区上单击鼠标右键，从弹出的快捷菜单中选择 遮罩层 命令，创建遮罩动画，效果如图 8.4.18 所示。

（24）新建一个名称为"动作"的图层，然后选中该图层中的第 1 帧，在打开的动作面板中输入以下脚本语句：

```
stop();
```

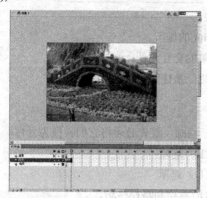

图 8.4.16　"顺序"图层上的实例

图 8.4.17　"倒序"图层上的实例

（25）按住"Alt"键，将第 1 帧拖曳至第 2，3，4 帧处，效果如图 8.4.19 所示。

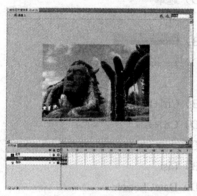

图 8.4.18　创建遮罩动画效果

图 8.4.19　复制帧

（26）至此，该动画已制作完成，按"Ctrl+Enter"键预览动画，最终效果如图 8.4.1 所示。

本 章 小 结

本章主要介绍了 Flash CS5 中各种动画的制作方法与技巧，通过本章的学习，用户应该熟练掌握不同类型动画的概念及制作方法，从而制作出更加生动、形象的动画作品。

实 训 练 习

一、填空题

1. ＿＿＿＿＿＿＿＿动画主要用于创建不规则动画，它的每一帧都是关键帧，其动画效果是通过关键帧内容的不断变化而产生的。

2. 在 Flash CS5 中，遮罩层用于放置＿＿＿＿＿＿＿＿，被遮罩层用于放置＿＿＿＿＿＿＿＿。

3. 在 Flash 中，可以创建两种类型的引导层，一种是＿＿＿＿＿＿＿＿；另一种是＿＿＿＿＿＿＿＿。

4. _____引导层在动画中起着辅助静态定位的作用。

5. 在创建反向运动动画时，可以向_____、_____和_____实例添加 IK 骨骼，若要使用文本，必须先将其转换为_____。

6. 在 Flash CS5 中，_____是编写 ActionScript 的场所。

7. 利用_____可以快速地在 Flash 中创建简单的交互元件。

8. 在 Flash CS5 中，_____组件用于创建按钮，是任何表单的基础。

二、选择题

1. 若要使用群组、文本和位图等对象制作（   ）动画，首先必须将它们转换为元件。

（A）形状补间   （B）逐帧

（C）引导   （D）遮罩

2. 在 Flash CS5 中，利用（   ）动画可以使对象沿着绘制路径移动。

（A）引导   （B）形状补间

（C）逐帧   （D）遮罩

3. 在 Flash CS5 中，传统补间动画的表达方式是（   ）。

（A）   （B）

（C）   （D）

4. 用于打开组件面板的快捷键是（   ）。

（A）Ctrl+F5   （B）Ctrl+F6

（C）Ctrl+F7   （D）Ctrl+L

5. 在 Flash CS5 中，（   ）组件是用于创建下拉菜单。

（A）ScrollPane   （B）List

（C）ComboBox   （D）DateChooser

6. 在 Flash CS5 中，按（   ）键可打开动作面板。

（A）F5   （B）F9

（C）F7   （D）Ctrl+F7

三、简答题

1. 简述 Flash CS5 中动画的类型。

2. 简述 ActionScript 的概念及语法规则。

3. 简述 Flash CS5 中组件的类型及功能。

四、上机操作题

1. 利用本章所学的组件知识，创建大象变老鼠的形状补间动画。

2. 利用本章所学的知识，制作一个 MP3 播放器。

3. 利用本章所学的知识，制作一个万年历。

第9章 图像、声音与视频的导入

Flash CS5 虽然是一个矢量动画处理程序，但是可以导入外部图片、声音以及视频文件作为特殊的元素使用。并且导入的外部位图还可以被转化成矢量图形，这就为制作 Flash 动画提供了更多可以应用的素材。

知识要点

- ⊕ 导入和编辑图像
- ⊕ 导入和编辑声音
- ⊕ 导入和编辑视频

9.1 导入和编辑图像

在 Flash CS5 中，可以导入的图像种类很多，比较常用的有位图、PSD 文件和 PNG 文件等，下面对其进行具体介绍。

9.1.1 导入一般图像

选择菜单栏中的 文件(F) → 导入(I) → 导入到舞台(I)... 命令，或按 "Ctrl+R" 键，在弹出的 "导入" 对话框中选择要导入的对象，然后单击 打开(O) 按钮即可，如图 9.1.1 所示。导入到 Flash 中的位图会保存在库面板中（见图 9.1.2），并像元件一样可以重复使用。

图 9.1.1 "导入"对话框　　　　　　　　　　图 9.1.2 库面板

如果导入的图像文件名以数字结尾，并且此文件后面的文件是按顺序排列的，则会弹出一个提示框，提示用户是否导入图像序列。

如果选择菜单栏中的 文件(F) → 导入(I) → 导入到库(L)... 命令，此时导入的对象不会出现在舞台上，只会保存在库面板中，要使用时只需将其拖入舞台即可。

9.1.2　导入 PSD 文件

PSD 格式是默认的 Photoshop 文件格式。在 Flash CS5 中可以直接导入 PSD 文件，并可在 Flash 中保持 PSD 文件的图像质量和可编辑性，这在制作比较精美的造型和背景时非常有用。选择菜单栏中的 文件(F) → 导入(I) → 导入到舞台(I)… 命令，在弹出的"导入"对话框中选择一幅 PSD 格式的位图，然后单击 打开(O) 按钮，会弹出"PSD 导入"对话框，在对话框中可选择需要导入的图层、组合各个对象，然后选择如何导入每个项目，如图 9.1.3 所示。

该对话框中各选项的含义如下：

（1）在 将图层转换为(O): 下拉列表中，提供了"Flash 图层"和"关键帧"两种选项，如图 9.1.4 所示。

图 9.1.3　"PSD 导入"对话框　　　　图 9.1.4　"将图层转换为"选项

1）如果选中 Flash 图层 选项，Flash 将会按照 PSD 图像原有的图层样式，在 Flash 文档中创建与 PSD 文件中图层同名的图层，图层中的内容也是一样。并且在库面板中创建一个与 PSD 文件同名的文件夹，在文件夹中包含各层中的位图对象。

2）如果选择 关键帧 选项，Flash 将在当前层上新建一个与 PSD 文件同名的图层，并根据 PSD 图像原有的图层顺序，在这个图层上插入关键帧，每一个关键帧上的内容就是原 PSD 文件图层上的内容，并且会在库面板中创建一个与 PSD 文件同名的文件夹，在文件夹中包含有各层中的位图对象。

（2）选中 将图层置于原始位置(L) 复选框，此时导入的 PSD 文件的内容将保持它们在 Photoshop 中的准确位置。如果没有选中此选项，那么导入的 PSD 文件的内容会位于舞台中间的位置。

（3）选中 将舞台大小设置为与 Photoshop 画布大小相同 (945 x 709) 复选框，Flash 的舞台大小会调整为与 PSD 文件所用的 Photoshop 文档（或活动裁剪区域）相同的大小。

（4）在 检查要导入的 Photoshop 图层(C): 列表框中，可以修改图层的首选参数，不同类型的图层，首选参数也各不相同。

9.1.3　将位图转换为矢量色块

使用 分离(K) 命令可以将位图转换为矢量色块，即离散的区域，然后用户即可使用 Flash CS5 的工具对其进行修改，例如填充颜色，操作步骤如下：

（1）选中要转换为矢量色块的位图。

（2）选择 修改(M) → 分离(K) 命令或按"Ctrl+B"键即可完成转换，如图 9.1.5 所示为转换前、后的效果。

转换前   转换后

图 9.1.5   位图在转换前后的效果

（3）选择工具箱中的套索工具 ，选取需要填充颜色的区域，如图 9.1.6 所示。

（4）选择工具箱中的颜料桶工具 ，在颜色面板中设置需要的颜色，然后在选区上单击鼠标进行填充，如图 9.1.7 所示。

图 9.1.6   选中图像   图 9.1.7   对选中的图像进行填充

9.1.4   将位图转换为矢量图

将位图转换为矢量图与转换为矢量色块的效果不同，将位图转换为矢量图后，位图将变为矢量图；将位图转换为矢量色块后，位图仍然是位图。使用 转换位图为矢量图(B)... 命令可以将导入的各类位图对象转换为矢量图，操作步骤如下：

（1）选中要转换为矢量图的位图。

注意：不能选中已转换为矢量色块的位图，因为转换为矢量色块后的位图不能转换为矢量图。

（2）选择 修改(M) → 位图(B) → 转换位图为矢量图(B)... 命令，弹出"转换位图为矢量图"对话框，如图 9.1.8 所示。

图 9.1.8   "转换位图为矢量图"对话框

其对话框中的各选项说明如下：

　　1) 颜色阈值(T)：设置颜色的临界值，取值范围为 1～500 之间的整数。该值越小，转换速度越慢，转换后的颜色越多，与原图像的差别也就越小。

　　2) 最小区域(M)：设置最小区域内的像素数，取值范围为 1～1 000 之间的整数。该值越小，转换后的图像越精确，与原图像的差别也就越小。

　　3) 角阈值(N)：设置在转换时，如何处理对比强烈的边界。

　　4) 曲线拟合(C)：设置曲线的平滑程度，有像素、非常紧密、紧密、一般、平滑和非常平滑 6 个选项。

　　(3) 设置完成后，单击 确定 按钮，稍等片刻即可完成转换，效果如图 9.1.9 所示。

图 9.1.9　位图在转换前后的效果

9.1.5　编辑位图

　　通过"位图属性"对话框可以了解位图的名称、存放路径、创建时间、尺寸和预览效果，还可以更新位图，设置位图的压缩属性等，操作步骤如下：

　　(1) 在库面板中选择要设置属性的位图，单击鼠标右键，在弹出的快捷菜单中选择 属性... 命令，弹出"位图属性"对话框，如图 9.1.10 所示。

　　对其中选项说明如下：

　　1) ☑ 允许平滑(S)：选中该复选框，可以使位图边缘消除锯齿。

　　2) 压缩(C)：设置位图文件的压缩方式，包括"照片（JPEG）"和"无损（PNG/GIF）"两个选项。若选择"照片（JPEG）"选项，则以 JPEG 格式压缩位图；若选择"无损（PNG/GIF）"选项，则以不损失位图质量为前提进行压缩。

　　3) 高级：可展开"位图属性"对话框，如图 9.1.11 所示。用户可以在此选项区中设置位图的链接和共享属性。

图 9.1.10　"位图属性"对话框　　　　　　图 9.1.11　展开"位图属性"对话框

4）更新(U)：单击该按钮，更新导入的位图。

5）导入(I)...：单击该按钮，弹出"导入"对话框，用户可以导入一个新的位图。

6）测试(T)：单击该按钮，将压缩文件的大小与原来的文件大小进行比较，从而确定压缩设置是否可以接受。

（2）设置完毕后，单击确定按钮，关闭"位图属性"对话框。

9.2　导入和编辑声音

Flash CS5 提供了多种使用声音的方式，可以使声音独立于时间轴连续播放，还可以使动画与一个声音同步播放，也可以向按钮添加声音，使按钮具有更强的感染力。另外，通过设置和编辑声音属性，可以使声音更加优美。

9.2.1　导入声音

在 Flash CS5 中，可以导入 WAV、MP3 等格式的声音文件，但不能直接导入 MIDI 文件。如果系统上安装了 QuickTime 4 或更高版本的播放器，还可以导入 AIFF、Sun AU 等格式的声音文件。导入声音的具体操作步骤如下：

（1）新建一个 Flash 文档或者打开一个已有的 Flash 文档。

（2）选择 文件(F) → 导入(I) → 导入到库(L)... 命令，弹出"导入"对话框，如图 9.2.1 所示。

（3）用户可在该对话框中选择要导入的声音文件，单击 打开(O) 按钮，即可将声音文件导入到 Flash 动画中。

（4）等声音导入后，就可以在库面板中看到刚导入的声音文件，以后可以像使用元件一样使用导入的声音对象，如图 9.2.2 所示。

图 9.2.1　"导入到库"对话框

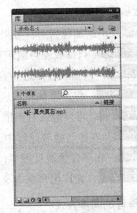

图 9.2.2　库面板

9.2.2　添加声音

将声音从外部导入 Flash 中之后，声音会保存在库面板中，必须将声音文件添加到时间轴上才能应用声音。

1. 从库面板中添加声音

选择"声音"层上需要添加声音的关键帧，然后将库面板中的声音对象拖入舞台中，添加声音后会发现"声音"层添加的声音上出现一条短线，这就是声音对象的波形起始，如图 9.2.3 所示。

此时，任意选择后面的某一帧插入普通帧，就可显示声音对象的波形，如图 9.2.4 所示。按"Enter"键，即可听到添加的声音。

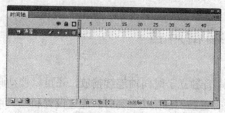

图 9.2.3　波形起始

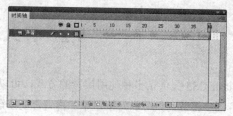

图 9.2.4　声音的波形

2. 从属性面板中添加声音

选择"声音"层上需要添加声音的关键帧，然后按"Ctrl+F3"键，打开属性面板，在 ▽ 声音 选项区的 名称: 下拉列表中选择要添加的声音即可。

9.2.3　编辑声音

在 Flash 文件中添加声音后，用户可以对影片中的声音进行各种编辑操作，包括更改它的效果、同步方式、长度以及音量等。

1. 更改声音的效果

声音属性面板的 效果: 下拉列表中提供了多个选项（见图 9.2.5），用户可以选择一个选项更改声音的效果。

对其中选项说明如下：
- （1）无：不添加任何声音效果。
- （2）左声道：只播放左声道声音。
- （3）右声道：只播放右声道声音。
- （4）向右淡出：将声音从左声道切换到右声道。
- （5）向左淡出：将声音从右声道切换到左声道。
- （6）淡入：在声音播放过程中，音量由小逐渐变大。
- （7）淡出：在声音播放过程中，音量由大逐渐变小。
- （8）自定义：允许用户自定义声音效果。

2. 更改声音的同步方式

声音属性面板的 同步: 下拉列表中提供了多个选项（见图 9.2.6），用户可以选择一个选项，更改声音的同步方式。

对其中选项说明如下：

（1）事件：选择该选项，使声音与某个事件同步发生。当动画播放到某个关键帧时，附加到该关键帧中的声音开始播放，如果事件声音长于动画，即使动画播放结束，事件声音也会继续播放。

事件声音适用于背景音乐等不需要同步的声音。

图 9.2.5　"效果"下拉列表　　　　图 9.2.6　"同步"下拉列表

（2）**开始**：选择该选项，当动画播放到导入声音的关键帧时，声音开始播放，如果在播放过程中再次遇到该声音，将继续播放该声音，而不播放其他声音。

（3）**停止**：选择该选项，停止声音的播放。

（4）**数据流**：选择该选项，Flash 将强制声音与动画同步，即当动画开始播放时，声音也随之播放；当动画停止时，声音也随之停止。

3．更改声音的音量

在"编辑封套"对话框中，白色的小方框称为节点，使用鼠标上下拖动节点，改变音量指示线垂直位置，这样，可以调整音量的大小。音量指示线位置越高，声音越大，反之则越小，用鼠标单击编辑区，在单击处增加节点，用鼠标拖动节点到编辑区外，可删除节点，如图 9.2.7 所示。

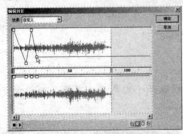

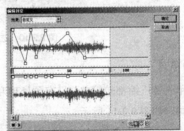

图 9.2.7　添加控制音量的节点

注意：在添加控制音量的节点时，最多可以添加 8 个控制节点。

9.2.4　压缩声音

双击库面板中的"声音文件"图标 ，从弹出的"声音属性"对话框中单击 **压缩:** 下拉列表，弹出如图 9.2.8 所示的下拉列表框，在此下拉列表中包含了 4 种压缩方式，分别为 ADPCM、MP3、原始和语音，下面分别对其进行具体介绍。

1．ADPCM

ADPCM 压缩选项用于设置 8 位或 16 位声音数据的压缩。选择此选项后，其对话框中的属性参数如图 9.2.9 所示。

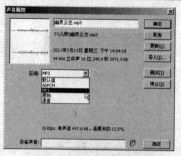

图 9.2.8 "声音属性"对话框

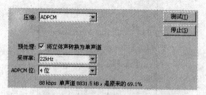

图 9.2.9 选择"ADPCM"选项

（1）预处理：选中"将立体声转换为单声道"复选框，会将混合立体声转换为非立体声（单声）。

（2）采样率：选择一个选项以控制声音保真度和文件大小。采样比率越低，输出的音频文件质量越小，同样，声音品质也越差。

（3）ADPCM 位：位数越高，声音效果越好。当然，采用这种压缩方法，往往是希望通过有损压缩获得合适的体积，因此默认值为 4 位。

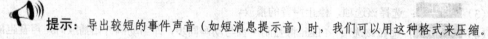

提示：导出较短的事件声音（如短消息提示音）时，我们可以用这种格式来压缩。

2．MP3

MP3 压缩格式适合较长的音频文件，选择此选项后，其对话框中的属性参数如图 9.2.10 所示。

图 9.2.10 选择"MP3"选项

3．原始与语音

原始压缩和语音压缩都较简单，只有预处理和采样率两个参数项，这两个参数含义和 ADPCM 压缩中的参数相同，如图 9.2.11 所示。

图 9.2.11 选择"原始"和"语音"选项

9.3 导入和编辑视频

在 Flash CS5 中，使用"视频导入"向导功能可以将视频剪辑导入到 Flash 文档中。利用该向导还可以选择是否将视频剪辑导入为嵌入或链接文件。当将视频剪辑导入为嵌入文件时，可以使用"视频导入"向导在导入前编辑此视频。另外，还可以使用 Adobe Media Encoder 软件对将要导入的视频进行各种编辑操作。

9.3.1 在 Flash 文档内嵌入视频

在 Flash CS5 文档中嵌入视频的具体操作步骤如下：

（1）选择 文件(F) → 导入(I) → 导入视频... 命令，弹出"选择视频"对话框，如图 9.3.1 所示。

（2）单击 文件路径: 右侧的 浏览... 按钮，弹出如图 9.3.2 所示的"打开"对话框，在其中选择要导入的视频文件。

图 9.3.1 "选择视频"对话框

图 9.3.2 "打开"对话框

（3）在"选择视频"对话框中选中 ⊙ 在 SWF 中嵌入 FLV 并在时间轴中播放 单选按钮，单击 下一步 > 按钮，弹出"嵌入"对话框，如图 9.3.3 所示。

（4）在"嵌入"对话框中的 符号类型: 下拉列表中可以选择将视频嵌入到 Flash 文件的元件类型。

1）嵌入的视频：选择此选项，会将导入的视频直接嵌入到主时间轴中。如果要使用在时间轴上的线性回放的视频剪辑，那么最合适的方法就是将该视频导入到时间轴中。

2）影片剪辑：选择此选项，会将导入的视频嵌入为影片剪辑，使用嵌入的视频时，最佳的方法是将视频放置在影片剪辑实例中，这样可以更好地控制该内容。视频的时间轴独立于主时间轴进行播放。

3）图形：选择此选项，会将导入的视频嵌入为图形元件，使用户无法使用 ActionScript 与该视频进行交互。通常图形元件用于静态图像以及用于创建一些绑定到主时间轴的可重用的动画片段。

（5）在"嵌入"对话框中选中 ☑ 将实例放置在舞台上 复选框，可以将导入的视频放置在舞台上，若要仅导入到库中，可取消选中该复选框。

（6）在"嵌入"对话框中选中 ☑ 如果需要，可扩展时间轴 复选框，可以自动扩展时间轴以满足视频长度的要求。

（7）设置好参数后，单击 下一步 > 按钮，弹出"完成视频导入"对话框，如图 9.3.4 所示。

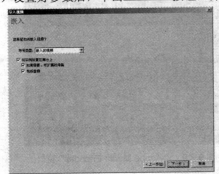

图 9.3.3 "嵌入"对话框

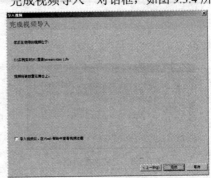

图 9.3.4 "完成视频导入"对话框

（8）单击 完成 按钮，弹出"获取元数据"进度条，如图 9.3.5 所示。

图 9.3.5 "获取元数据"进度条

（9）按"Ctrl+Enter"键，即可在 Flash 播放器中播放导入的视频对象。

提示：导入的视频文件进入库面板后，用户可以更改视频剪辑名称、更新视频剪辑以及导入 FLV 视频以替换选定的剪辑等。

9.3.2 Adobe Media Encoder 的应用

在 Flash CS5 中可以通过使用 Adobe Media Encoder 将无法导入的视频文件格式转换为 FLV、F4V 等 Flash CS5 支持的多种视频格式，还可以对导入的视频进行各种编辑操作。具体操作步骤如下：

（1）选择 文件(F) → 导入(I) → 导入视频... 命令，在弹出的"选择视频"对话框中单击 文件路径: 右侧的 浏览... 按钮，弹出"打开"对话框，在其中选择要导入的视频文件，如图 9.3.6 所示。

（2）单击 打开(O) 按钮，弹出如图 9.3.7 所示的提示框，提示启动 Adobe Media Encoder 转换文件格式，单击 确定 按钮返回"导入视频"对话框。

图 9.3.6 "打开"对话框

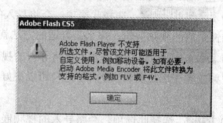

图 9.3.7 启动转换文件提示框

（3）单击 启动 Adobe Media Encoder 按钮，在"另存为"对话框中单击 取消 按钮，弹出如图 9.3.8 所示的提示框。

（4）单击 确定 按钮，启动 Adobe Media Encoder，并将导入的视频文件添加到编解码列表中，如图 9.3.9 所示。

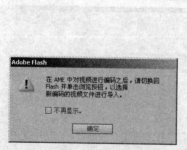

图 9.3.8 已转换提示框

图 9.3.9 "Adobe Media Encoder"窗口

（5）在"Adobe Media Encoder"窗口中单击如图 9.3.10 所示的位置，打开"导出设置"对话框，如图 9.3.11 所示。

图 9.3.10 选择文件 　　　　　　　　图 9.3.11 "导出设置"对话框

（6）设置完成后，单击 确定 按钮，返回"Adobe Media Encoder"窗口。

（7）单击 开始队列 按钮，开始对视频文件进行编码，如图 9.3.12 所示。

（8）完成编码后，关闭"Adobe Media Encoder"窗口，返回"打开"对话框，此时在其对话框中即可看到转换后的视频文件，如图 9.3.13 所示。

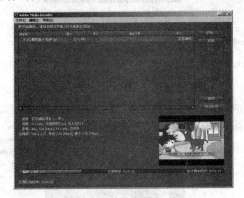

图 9.3.12 对视频文件进行编码 　　　　　　　图 9.3.13 "打开"对话框

9.4 应用实例——制作画面合成效果

本节主要利用所学的知识合成画面，最终效果如图 9.4.1 所示。

图 9.4.1 最终效果图

操作步骤

（1）启动 Flash CS5 应用程序，新建一个 Flash 文档。

（2）按"Ctrl+R"键，在弹出的"导入"对话框中选中如图 9.4.2 所示的位图，单击 打开(Q) 按钮，将其导入到舞台中。

（3）按"Ctrl+J"键，在弹出的"文档设置"对话框中选中"匹配"选项区中的 ⊙ 内容(C) 单选按钮，效果如图 9.4.3 所示。

图 9.4.2 "导入"对话框

图 9.4.3 设置文档与图片相匹配

（4）重复步骤（2）的操作，在舞台中导入一幅如图 9.4.4 所示的位图。

（5）使用选择工具选中导入的位图，按"Ctrl+B"键将其分离，然后将导入的第 1 幅图片移至工作区中。

（6）单击工具箱中的"套索工具"按钮 ，选中附加选项区中的"魔术棒"按钮 ，选取分离图形中的白色区域，然后按"Delete"键将其删除。

（7）使用选择工具选中编辑后的位图，然后选择菜单栏中的 修改(M) → 合并对象(O) → 联合 命令，合并分离后的图形，效果如图 9.4.5 所示。

图 9.4.4 导入第 2 幅图片

图 9.4.5 合并图形对象

（8）使用选择工具将第 1 幅图片移至舞台中，并使用对齐面板将其与舞台中心位置对齐。

（9）将合并后的位图移至第 1 幅图片上方，并使用任意变形工具 调整其大小，效果如图 9.4.6 所示。

（10）选择菜单栏中的 文件(F) → 导入(I) → 导入视频... 命令，弹出"导入视频"对话框，如图 9.4.7 所示。

图 9.4.6　移动图像效果　　　　　　　　　　图 9.4.7　"导入视频"对话框

（11）单击对话框中的 浏览... 按钮，弹出"打开"对话框，从中选择需要导入的视频文件，如图 9.4.8 所示。

（12）单击 打开(Q) 按钮，此时的"导入视频"对话框如图 9.4.9 所示，单击 下一步> 按钮，弹出"嵌入"对话框，设置其对话框参数，如图 9.4.10 所示。

图 9.4.8　"打开"对话框　　　　　　　　　　图 9.4.9　加载视频文件

（13）单击 下一步> 按钮，将进入完成界面，单击 完成 按钮，效果如图 9.4.11 所示。

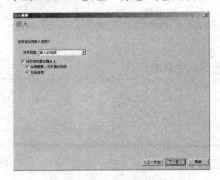

图 9.4.10　嵌入视频文件　　　　　　　　　　图 9.4.11　嵌入视频效果

（14）按"Ctrl+Enter"键预览动作效果，最终效果如图 9.4.1 所示。

本 章 小 结

本章主要介绍了 Flash CS5 中图像、声音与视频的导入方法与编辑技巧，通过本章的学习，读者应熟练掌握如何获取素材以及有效地利用素材，这样不但可以节省时间，提高工作效率，还可以在一定程度上提高动画作品的质量，优化动画的设计过程。

实 训 练 习

一、填空题

1．在 Flash CS5 中默认支持的位图格式包括_____、_____、_____等。

2．Flash 中的声音分为两类，一类是_____，另一类是_____。

3．_____由一连串连续变化的画面组成，其主要特征是声音与动态画面同步。

4．将声音导入到 Flash CS5 后，声音文件并没有被应用到动画中，只有将其添加到_____中才可以发挥作用。

二、选择题

1．在 Flash CS5 中，导入的音频被放置于（　）中。

（A）舞台　　　　　　　　　（B）时间轴

（C）库　　　　　　　　　　（D）全选

2．在 Flash CS5 中，使用"编辑封套"对话框可以更改声音的（　）。

（A）长度　　　　　　　　　（B）音量

（C）效果　　　　　　　　　（D）同步方式

3．在"编辑封套"对话框中，如果要切换时间单位，可以单击（　）按钮。

（A）　　　　　　　　　　　（B）

（C）　　　　　　　　　　　（D）

4．声音的同步方式包括（　）几个选项。

（A）事件　　　　　　　　　（B）开始

（C）停止　　　　　　　　　（D）数据流

三、简答题

1．在 Flash CS5 中，如何将位图转换为矢量色块和矢量图？

2．简述如何将一个声音文件合并到时间轴上。

3．简述如何使用组件加载视频。

四、上机操作题

1．利用本章所学的知识，制作一个带音乐的新年贺卡。

2．打开一个 Flash 动画，练习为其配音和添加字幕。

第 10 章　Flash 动画的后期处理

在完成 Flash 动画的制作后，就可以将其导出或发布，以便使更多的人来欣赏。但在发布之前，还应该注意两个问题：一是作品的效果是否与预期的效果相同；二是动画是否能够流畅地播放。要解决这两个问题，就需要在发布动画之前对其进行测试和优化。

知识要点

- ◉ 优化动画
- ◉ 测试动画
- ◉ 导出动画
- ◉ 发布动画

10.1　优 化 动 画

制作的 Flash 动画在网络发布时打开的速度特别慢，这是因为随着影片文件体积的增加，其下载速度也会变慢，为了使用户下载影片的时间最短，在发布 SWF 文件前，可以对 Flash 中的各种元素进行优化。

（1）优化矢量图。在绘制矢量图的时候因尽量避免使用实线以外类型的笔触样式，而自定义的笔触样式也会增加影片大小。在填充色方面，使用渐变色的影片文件也比使用单色的影片文件大一些，为了更好地显示，应尽量使用单色且最好为网络安全色。若图中线条太多，可选择 修改(M) → 形状(P) → 优化(O)... 命令，减少图形中的线条。

（2）优化位图。位图一般作为静止的背景图像，应尽量避免使它运动。如果将位图转换为矢量图，还应对转换后的矢量图进行优化。导入的位图应在库面板中进行压缩。

（3）优化元件。在影片中使用两次或两次以上的图形对象一定要转换为元件，因为元件均会被记录在库面板中。在制作影片的过程中，不用担心库面板中有多少对象，因为在输出影片的时候，影片只从库面板中提取用到的对象。也就是说，库面板中对象的多少与影片最终的大小没有关系。

（4）优化关键帧。比起逐帧动画，使用补间动画更能减少文件体积。应尽量避免连续使用多个关键帧，注意删除没用的关键帧，即使是空白关键帧也会增加文件的体积。

（5）优化文本。应尽可能使用同一颜色、字号和字体的文本。而设备字体的使用最安全，也最能减少文件的体积。另外，将字体分离并不能减少文件体积，相反，它还会使文件变大，如果要重复使用量比较大的文本，建议将其转换为元件。

（6）优化声音。在使用声音文件的时候，应尽量使用 MP3 格式而避免使用其他格式，声音格式的选择顺序应遵循 Mid，MP3，Wav 的顺序。导入的声音应在库面板中进行压缩，另外根据声音的长度，可以选择更为合适的压缩格式。

（7）优化动作脚本。当在 Flash 动画中使用 ActionScript 脚本语句时，应注意 3 个方面：在"发布设置"对话框中的 Flash 选项卡中，选中 ☑省略 trace 动作(T) 复选框，从而在发布的影片中将不会有"输出"窗口弹出；在脚本编程中尽量使用局部变量；在脚本编程中尽量将经常重复的代码段定义为函数。

10.2　测　试　动　画

在制作动画的过程中，需要经常测试当前编辑的动画，观察动画效果是否符合设计者的思想。为了保证动画在网络上的播放效果，还应随时测试动画的下载性能。

10.2.1　测试影片和场景

在 Flash CS5 中，可通过以下方法测试影片和场景：

（1）选择菜单栏中的 控制(O) → 播放(P) 命令，测试动画。

（2）直接按"Enter"键，测试制作的动画

（3）选择菜单栏中的 窗口(W) → 工具栏(O) → 控制器(O) 命令，可以打开控制器面板，用户可利用面板中的按钮来进行测试。

（4）如果动画中带有简单的帧动作语句，则选择菜单栏中的 控制(O) → 启用简单帧动作(I) 命令，然后再使用上述方法进行测试。

（5）如果动画中带有简单的按钮动作语句，则选择菜单栏中的 控制(O) → 启用简单按钮(T) 命令，然后再使用上述方法进行测试。

（6）如果动画中引用了影片剪辑元件实例，或动画中包含多个场景，则必须选择 控制(O) → 测试影片(M) 或 测试场景(S) 命令，也可按"Ctrl+Enter"键到 Flash Player 中对动画进行测试。

10.2.2　测试影片在 Web 上的流畅性

在 Flash CS5 中，要测试影片在 Web 上播放的流畅性，其具体操作步骤如下：

（1）如果在影片编辑状态下，选择菜单栏中的 控制(O) → 测试影片(M) 或 测试场景(S) 命令，即可打开 Flash CS5 的动画测试窗口，如图 10.2.1 所示。

（2）在影片测试播放窗口中选择菜单栏中的 视图(V) → 下载设置(D) 命令，然后在其子菜单中选择一个预设的下载速度来确定 Flash 模拟的数据流速率。若需输入自己的设置，可以选择其子菜单中的 自定义... 命令，在弹出的"自定义下载设置"对话框中用户可以进行设置，如图 10.2.2 所示。

图 10.2.1　动画的测试窗口

图 10.2.2　"自定义下载设置"对话框

（3）如果要查看影片的具体下载情况，可以在测试播放窗口中选择菜单栏中的 视图(V) → 带宽设置(B) 命令，以显示下载性能的图表，在图表下方同时会播放影片，如图 10.2.3 所示。

（4）如果要打开或关闭数据流，可以选择菜单栏中的 视图(V) → 数据流图表(T) 命令。如果关闭数据流，则影片不会模拟 Web 连接就开始播放。

（5）单击图表上的竖条，会在左侧窗口中显示对应帧的设置，这时，竖条将变成红色，下方的播放窗口停止播放影片，并显示该帧的内容，

（6）如果用户选择菜单栏中的 视图(V) → 模拟下载(S) 命令，可启动或关闭模拟下载功能。启动模拟下载功能后，动画播放情况便是根据用户设置的传输速率，在网络上的实际播放情况，如图 10.2.4 所示。

图 10.2.3　带宽视图的动画测试窗口

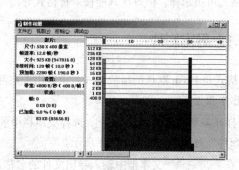
图 10.2.4　模拟下载的动画测试窗口

（7）如果关闭测试窗口，即可返回 Flash CS5 的工作界面。

注意：一旦建立起结合带宽设置的测试环境，就可以在测试模式中直接打开任意的.SWF 文件，文件会用"带宽设置"和其他选定的"视图"选项在播放器窗口打开。

10.2.3　测试影片中的动作脚本

对于动画中的脚本代码，Flash CS5 也提供了几种工具对其进行测试。

（1）调试器面板：在 Flash CS5 中，使用调试器面板可以显示一个当前加载到 Flash Player 中的影片剪辑的分层显示列表，用户可以在影片播放时动态地显示和修改变量与属性的值，并且可以使用"切换断点"按钮 ● 停止影片，同时逐行跟踪动作脚本代码。启动调试器面板的方法为：选择菜单栏中的 窗口(W) → 调试面板(D) → ActionScript 2.0 调试器 命令即可打开调试器面板，如图 10.2.5 所示。

图 10.2.5　调试器面板

（2）输出面板：在 Flash CS5 中，使用输出面板可以显示动画中的错误信息以及变量和对象列表，帮助用户查找错误。

（3）Trace 语句：在 Flash CS5 中，用户可以在动画中使用 Trace 语句将特定的信息发送到输出面板中。

10.3 导 出 动 画

将动画优化并测试完其下载性能后，就可以将动画导出到其他应用程序中去。例如，可将动画导出为包括 GIF，JPEG，BMP，PNG，AVI 或 QuickTime 等不同格式的动态或静态图像。在导出过程中有多种格式可供选择，但每次只能按一种格式导出。

10.3.1 导出影片

SWF 格式是 Flash 默认的播放格式，也是用于在网络上传输和播放的格式。导出 SWF 动画影片的具体操作步骤如下：

（1）打开需要导出的 Flash 文档，选择菜单栏中的 文件(F) → 导出(E) → 导出影片(M)... 命令，弹出"导出影片"对话框，如图 10.3.1 所示。

（2）在 文件名(N): 文本框中输入导出文件的名称。

（3）单击 保存类型(T): 后面的下拉按钮 ▼，弹出如图 10.3.2 所示的下拉列表。其下拉列表中各选项保存的文件应注意以下特点：

图 10.3.1 "导出影片"对话框

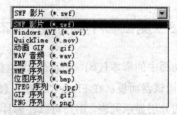

图 10.3.2 "保存类型"下拉列表

1）选择 Flash 影片（*.swf）文件，导出的文件是动态 swf 文件，这也是 Flash 动画的默认保存文件类型。

2）选择 WAV 音频文件（*.wav）文件，仅导出影片中的声音文件。

3）选择 AdobeIllustrator 序列文件（*.ai）文件，保存影片中每一帧中的矢量信息，在保存时可以选择编辑软件的版本，然后在 AdobeIllustrator 中进行编辑。

4）选择 GIF 动画（*.gif）文件，保存影片中每一帧的信息组成一个庞大的动态 GIF 动画。此时可以将 Flash 理解为制作 GIF 动画的软件。

5）选择 JEPG 序列文件（*.jpg）文件，将影片中每一帧的图像依次导出为多个 *.jpg 文件。

（4）设置完毕后单击 保存(S) 按钮，即可将测试和优化后的动画导出为影片。

10.3.2　导出图像

如果需要将 Flash 动画中的某个画面存储为图片格式，可利用 导出图像(E)... 命令将选中的某个画面导出为各种格式的静态图像。导出静态图像的具体操作步骤如下：

（1）打开需要导出图像的 Flash 动画，将播放头移动到要导出图像所在的帧上，然后选择菜单栏中的 文件(F) → 导出(E) → 导出图像(E)... 命令，弹出"导出图像"对话框，如图 10.3.3 所示。

（2）单击 保存类型(T): 后面的下拉按钮 ▼ ，弹出如图 10.3.4 所示的下拉列表，用户可在该下拉列表中选择要导出的图像文件格式。

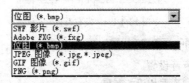

图 10.3.3　"导出图像"对话框　　　　图 10.3.4　"保存类型"下拉列表

（3）单击 保存(S) 按钮，在相应的对话框中可以设置图像的相关属性，设置完毕后单 确定 按钮即可导出图像。

10.4　发 布 动 画

如果用户在"发布设置"对话框中选中所要发布的格式，就会显示出有关发布设置的所有选项卡，如图 10.4.1 所示。在 Flash CS5 中通过设置这些选项卡中各选项的参数，用户可以灵活地对所发布的影片文件进行控制，下面分类介绍这些选项卡的作用及设置方法。

10.4.1　发布 Flash 影片

创建扩展名为.swf 的文件，可以保留 Flash 所有的动画功能，因此是发布 Flash 动画的最佳途径。选择菜单栏中的 文件(F) → 发布设置(G)... 命令，在弹出的"发布设置"对话框中选中 ☑ Flash (.swf) 复选框，然后单击 Flash 标签，打开"Flash"选项卡，如图 10.4.2 所示。

使用 Flash 选项卡可以进行以下参数设置：

（1） 播放器(U): ：指定导出的电影将在哪个版本的 Flash Player 上播放。

（2） 脚本(D): ：在该下拉列表中可设置动作脚本的版本，可选择 ActionScript 1.0，ActionScript 2.0 和 ActionScript 3.0。

（3） JPEG 品质(Q): ：拖动滑块或在右侧的文本框中输入数值调整图像的质量。图像质量越低，生成的文件就越小；图像质量越高，生成的文件就越大。

（4） 音频流(S): 和 音频事件(E): ：单击这两个选项后面的 设置... 按钮，将弹出如图 10.4.3

所示的"声音设置"对话框，在此对话框中用户可以指定播放时的流式声音和事件声音的采样率和压缩方式，这些设置仅对影片中尚未指定事件属性的声音有效。

图 10.4.1 "发布设置"对话框

图 10.4.2 打开"Flash"选项卡

（5）☑ 覆盖声音设置：若选中该复选框，则使用 音频流(S)：和 音频事件(E)：中的设置来覆盖 Flash 文件中的声音设置。

（6）☑ 导出设备声音：若选中该复选框，Flash 将导出适合于各种设备（包括移动设备）的声音，而不是原始声音。

（7）☑ 压缩影片：选中该复选框后，将对生成的动画进行压缩，以减小文件。

（8）☑ 生成大小报告(R)：选中该复选框后，在发布动画的过程中，"输出"面板中将显示所生成的 Flash 影片文件中不同部分的字节数，如图 10.4.4 所示。这可以给如何使影片文件最小化提供有益的帮助。

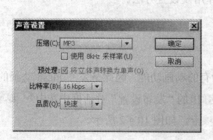

图 10.4.3 "声音设置"对话框

图 10.4.4 "输出"面板

（9）☑ 防止导入(P)：选中该复选框后，如果将此 Flash 放置到 Web 页面上，它将不能够被下载。通过此方法可以防止他人从 Web 页上下载用户的 Flash 影片，然后重新导入到 Flash 中，以窃取用户的劳动成果。

（10）☑ 省略 trace 动作(T)：选中该复选框后，将使 Flash 忽略动画中的 Trace 语句。

（11）☑ 允许调试：选中该复选框后，如果在动画播放过程中，系统探测到有影响到下载性能的缺陷，可以自动对该缺陷进行调试，并进行自动优化。

（12）密码：：设置此选项后，如果要对该 Flash 进行下载播放，必须先输入相应的密码。

10.4.2　发布 HTML

如果要在浏览器中播放 Flash 影片，用户必须先创建一个用来启动影片并指定浏览器设置的 HTML 文档。Flash 将会在动画发布过程中自动创建用户指定的文档。选择菜单栏中的 文件(F) →发布设置(G)...命令，在弹出的"发布设置"对话框中单击 HTML 标签，打开"HTML"选项卡，如图 10.4.5 所示。

使用 HTML 选项卡可以进行以下参数设置：

（1）模板(T)：：用于选择网页中使用的模板，单击后面的 信息 按钮，将弹出"HTML 模板信息"对话框，显示对所选模板的简要介绍，如图 10.4.6 所示。

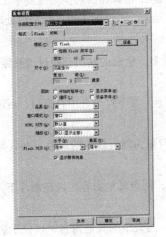
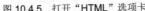

图 10.4.5　打开"HTML"选项卡

图 10.4.6　"HTML 模板信息"对话框

（2）☑检测 Flash 版本(R)：选中该复选框，网页中的动画会自动检测浏览者使用的 Flash Player 播放器版本，并以浏览者的播放器版本播放影片。通常情况下，不需要选中此复选框。

（3）版本：：显示用户所使用的 Flash 版本。

（4）尺寸(D)：：设置网页中影片的宽度和高度。

1）选择匹配影片选项，设置尺寸和影片的大小相同，这是默认设置。

2）选择像素选项，允许用户在宽度和高度文本框中输入像素值。

3）选择百分比选项，允许用户设置影片相对于浏览器窗口的大小百分比。

（5）回放：：用于设置影片在网页中的播放情况。

1）选中☑开始时暂停(P)复选框，则网页中的动画开始时处于暂停状态，只有当用户单击动画中的"播放"按钮，或使用鼠标右键单击动画时，选择"播放"菜单项，动画才开始播放。开始时暂停在默认状态下是不选中的，因此一般影片一旦载入就会立即开始播放。

2）选中☑循环(L)复选框，用于设置当影片播放到最后一帧时重复播放影片。如果未选中此复选框，影片在播放到最后一帧时就会停止播放。循环在默认状态下是选中的。

3）选中☑显示菜单(M)复选框，则当用户使用鼠标右键单击动画时，弹出的菜单命令才有效。

4）选中☑设备字体(F)复选框，用于使用经过消除锯齿处理的系统字体替换那些用户系统中未安装的字体。在默认情况下此复选框是选中的。

（6）**品质(Q)**：设置动画的播放质量，其下拉列表中有低、自动降低、自动升高、中、高和最佳 6 个选项。

1）**低**：此选项使播放速度优先于表现性能。选择这个选项，消除锯齿功能始终不工作。

2）**自动降低**：强调播放速度第一，但是只要有可能也要改善表现性能。选择此选项后，开始播放时，消除锯齿功能是关闭的。如果 Flash 检测到处理器可以应付得过来，则会将消除锯齿功能打开。

3）**自动升高**：强调播放速度和表现性能同等重要，但是如果播放速度需要，则忽略表现性能。选择此选项后，开始播放时，消除锯齿功能是打开的。当实际的帧读取速度低于指定值时，消除锯齿功能就会关闭，以改善播放速度。

4）**中等**：选择该选项，使显示质量和播放速度同等重要。

5）**高**：此选项使表现性能优先于播放速度。选中该选项，消除锯齿功能始终处于工作状态。如果影片中没有动画，则位图被进行平滑处理；如果影片中有动画，则位图不被进行平滑处理。此选项是默认选项。

6）**最佳**：在不考虑播放速度的前提下提供最佳显示质量。所有的输出都经过消除锯齿处理，所有的位图都进行平滑处理。

（7）**窗口模式(O)**：用于设置影片同网页中其他内容的关系，其下拉列表中有窗口、不透明无窗口和透明无窗口 3 个选项。

1）**窗口**：选择该选项后，影片的背景不透明，网页背景为网页默认的颜色。网页其他内容不能位于影片上方或下方。

2）**不透明无窗口**：选择该选项后，影片的背景不透明，网页其他内容可以在影片下方移动，但不会穿过影片显示出来。

3）**透明无窗口**：选择该选项后，影片的背景为透明，网页中的其他内容可以位于影片上方和下方，位于影片下方的网页其他内容可以穿过动画透明的位置显示出来。

（8）**HTML 对齐(A)**：用来设置影片在浏览器窗口中的位置，其下拉列表中有默认值、左对齐、右对齐、顶部和底部 5 个选项。

1）**默认值**：将影片位于浏览器窗口的中央，如果浏览器窗口小于影片窗口，则对影片的边缘进行剪切。

2）**左对齐**：将影片位于浏览器窗口的左侧，如果需要，剪切影片的上下和右侧部分。

3）**右对齐**：将影片位于浏览器窗口的右侧，如果需要，剪切影片的上下和左侧部分。

4）**顶部**：将影片位于浏览器窗口的最上方，如果需要，剪切影片的左右和下方部分。

5）**底部**：将影片位于浏览器窗口的最下方，如果需要，剪切影片的左右和上方部分。

其中，选项可使影片在浏览器中居中显示，其他几个选项的作用与它们的名称相同。

（9）**缩放(S)**：如果在前面的 **尺寸(D)** 选项中设置了与动画原始大小不同的尺寸，则通过该选项可以将影片放在指定的网页区域内。其下拉列表中有默认、无边框、精确匹配和无缩放 4 个选项。

1）**默认(显示全部)**：选择该选项，在指定的区域内显示动画文件，不允许改变文件的原始宽高比。

2）**无边框**：选择该选项，对动画文件进行缩放，以使它适合指定的区域，不允许改变文件的原始宽高比。

3）**精确匹配**：选择该选项，在指定的区域内显示动画文件，允许改变文件的原始宽高比。

（4）　无缩放 ：选择该选项，将禁止在调整播放器窗口大小时缩放动画文件。

（10）Flash 对齐(G) ：设置如何在应用程序窗口内放置影片内容，以及在必要时将影片裁剪到与窗口相同的尺寸。

（11）☑ 显示警告消息 ：用于设置 HTML 标签代码出现错误时是否发出警告信息。

10.4.3　发布 GIF 动画

Flash 能够为 GIF 图像生成映射图，这样原来影片中同有关地址链接的按钮在 GIF 图像中继续发挥链接功能。Flash 将导出影片中的首帧作为 GIF，也可以通过输入帧标记来导出不同的关键帧。如果没有指定导出的帧区域，则 Flash 将导出当前影片中的所有帧作为动画 GIF。指定帧区域的方法是输入首帧和末帧的帧标记。

选择菜单栏中的 文件(F) → 发布设置(G)... 命令，在弹出的 "发布设置" 对话框中选中 ☑ GIF 图像（.gif）复选框，然后单击 GIF 标签，打开 "GIF" 选项卡，如图 10.4.7 所示。

使用 GIF 选项卡可以进行以下参数设置：

（1）尺寸： ：设定输出的位图图像的大小为用户在宽度和高度文本框中输入的像素数。如果用户选中 匹配影片(M) 复选框，则用户在宽度和高度文本框中输入的值就没有任何效果，Flash 会让 GIF 图像的大小和影片的大小一致。Flash 可以确保用户所指定的大小始终同用户的原始图像的宽高比保持一致。

（2）回放： ：该选项可以设置 Flash 影片究竟是创建静态图像，还是创建动画。选中 ⊙ 静态(C) 单选按钮，则输出静态图像；选中 ⊙ 动画(N) 单选按钮，则输出 GIF 动画。如果用户选中 ⊙ 动画(N) 单选按钮，将激活 ⊙ 不断循环(L) 和 ⊙ 重复(R) 两个单选按钮，用户可以在 ⊙ 重复(R) 单选按钮右侧输入影片重复的次数。

（3）☑ 优化颜色(O) ：若选中该复选框，系统会从 GIF 文件的颜色表中删除不使用的颜色。这大概可以将 GIF 文件的尺寸减小 1 000～1 500 字节，同时不损害图像质量，但可能会增加对内存的使用。需要注意的是如果使用的是最适合调色板，这个选项是不起作用的。

（4）☑ 抖动纯色(D) ：若选中该复选框，会抖动纯色和渐变颜色。

（5）☑ 交错(I) ：该选项可以使输出的 GIF 图像在浏览器中边下载边显示。GIF 交错图像可以让用户在文件完全下载之前看到基本的图形内容，同时对于缓慢的网络而言也令下载速度加快。对于 GIF 动画而言不可进行交错处理。

（6）☑ 删除渐变(G) ：该选项可以将影片中所有的渐变色转换为纯色，所用纯色为渐变色的第一个颜色。渐变色往往会增加 GIF 图像的尺寸，而且常常会造成图像质量下降。

（7）☑ 平滑(S) ：该选项可以使输出位图消除锯齿或不消除锯齿。经过平滑处理可以产生高质量的位图图像，如果没有经过消除锯齿处理，文本的显示质量会相当差。经过消除锯齿处理后，那些放在彩色背景之上的图像周围会出现一个灰色像素的光环，如果有这样的光环出现，或者用户正在创建准备放在一个彩色背景之上的透明 GIF 图像时，那么在输出时不要进行平滑处理。

（8）透明(T)： ：用于设置影片的透明背景如何转换为 GIF 图像。在该下拉列表中有不透明、透明和 Alpha 3 个选项，如图 10.4.8 所示。

1）不透明 ：选中该选项，转换之后背景为不透明。

2）透明 ：选中该选项，转换之后背景为透明。

3）Alpha ：选中该选项，令所有低于极限 Alpha 值的颜色都完全透明。Alpha 值高于极限值的颜色则保留。用户可以在右侧的 **阈值** 文本框中输入 0～255 之间的任意值，其中 128 相当于 50%的 Alpha 值。

（9）**抖动(E)**：设置是否通过混合已有的颜色来模拟当前调色板中没有的颜色。所谓抖动处理，就是当目前使用的调色板上没有某种颜色时，则显示一定范围内类似颜色的像素来模仿调色板上没有的颜色。在该下拉列表中有无、有序和扩散 3 个选项。

1）**无**：选中该选项，将关闭抖动处理。

2）**有序**：选中该选项，表示在尽可能不增加或少增加文件尺寸的前提下提供良好的图像质量抖动。

3）**扩散**：选中该选项，表示提供最佳的质量抖动，但要增加文件尺寸，而且处理的时间较上边一个选项要长。这个选项仅仅在 Web 216 色调色板时才能使用。

（10）**调色板类型(Y)**：该下拉列表用于定义用于图像的调色板，有 Web 216 色、最合适、接近 Web 最适色和自定义 4 个选项，如图 10.4.9 所示。

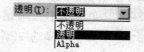

图 10.4.7　打开 "GIF" 选项卡　　图 10.4.8　"透明" 下拉列表　　图 10.4.9　"调色板类型" 下拉列表

1）**Web 216 色**：使用标准的 216 色浏览器安全色调色板来创建 GIF 图像。这个选项产生的图像质量良好，服务器的处理速度也最快。

2）**最合适**：分析图像中所用的颜色，为特定 GIF 图像创建一个独特的调色板。这个选项可以为图像创建最精确的颜色，但最后的文件尺寸较上边选项要大。用户可以通过减少调色板上的颜色数来减小文件尺寸。最合适调色板在系统显示百万种以上颜色时工作表现最佳。

3）**接近 Web 最适色**：同最合适调色板选项一样，但此选项会将近似的颜色转为网络 216 色调色板。最后用于图像的调色板是经过优化的，但是如果可能，Flash 还是使用 Web 216 色。如果在 256 色系统上使用 Web 216 色调色板会产生较好的颜色效果。

4）**自定义**：允许用户指定为当前图像优化过的调色板。此选项对图像的处理速度同 Web 216 色调色板是一样的。要想使用此选项，用户首先必须熟悉如何创建和使用自定义调色板。要选择一个自定义调色板，单击 **调色板(I)**：文本框右侧的 "浏览" 按钮，可以选择一个调色板文件。

（11）**最多颜色(X)**：如果所设置的调色板类型为 **最合适** 或 **接近 Web 最适色**，将激活该选项，用户可以在其文本框中设置所创建颜色的最大数量。

10.4.4　发布 JPEG 设置

GIF 是用较少的颜色创建简单图像的最佳工具，但是，如果想导出一个既清晰的渐变又不受调色板限制的图像，则需要选择 JPEG。选择菜单栏中的 文件(F) → 发布设置(G)...命令，在弹出的"发布设置"对话框中选中 ☑ JPEG 图像（.jpg）复选框，然后单击 JPEG 标签，打开"JPEG"选项卡，如图 10.4.10 所示。

使用 JPEG 选项卡可以进行以下参数设置：

（1）尺寸：用于设置输出的位图图像的尺寸大小和用户在宽和高文本框中输入的像素数一致。如果用户选中 ☑ 匹配影片(M) 复选框，宽和高文本框中输入的数值将不起作用，Flash 会令输出的 JPEG 图像和影片的尺寸一致。

（2）品质(Q)：该选项用于控制 JPEG 文件的压缩比。图像质量较低，则文件尺寸就较小；而图像质量较高，则文件尺寸就会较大。用户可以通过对不同设置的比较来确定一个图像尺寸和质量的最佳平衡点。

（3）☑ 渐进(P)：该选项用于显示渐进的 JPEG 图像。这样的图像会在浏览器上逐渐显示，对于缓慢的网络而言，会使显示更快一些。此选项同 GIF 和 PNG 图像的交错显示类似。

图 10.4.10　打开"JPEG"选项卡

10.4.5　发布放映文件设置

在"发布设置"对话框中的 格式 选项卡中，还有另外两种发布格式没有其他设置选项，它们分别是 ☑ Windows 放映文件（.exe）和 ☑ Macintosh 放映文件，选中 ☑ Windows 放映文件（.exe）复选框并发布 Flash 影片后，系统将自动生成扩展名为*.exe 的可执行文件，双击此文件可以进行播放而不需要没有任何的外挂播放器；选中 ☑ Macintosh 放映文件 复选框，将生成扩展名为*.app 的 Macintosh 放映文件。

10.5　应用实例——制作 GIF 动画

本节主要利用所学的知识制作 GIF 动画，最终效果如图 10.5.1 所示。

图 10.5.1　最终效果图

操作步骤

（1）启动 Flash CS5 应用程序，按"Ctrl+O"键，打开一个制作好的 Flash 源文件。

（2）选择菜单栏中的 控制(O) → 测试影片(M) → 测试(T) 命令，进入影片的测试窗口，如图

10.5.2 所示。

（3）在测试窗口中选择 视图(V) → 下载设置(D) → 自定义... 命令（见图 10.5.3），在弹出的"自定义下载设置"对话框中对下载速度进行设置。

图 10.5.2　在测试窗口中打开 Flash 动画

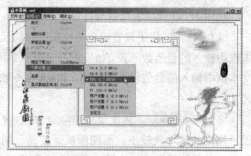
图 10.5.3　选择"自定义"命令

（4）在测试窗口中选择 视图(V) → 带宽设置(B) 命令，打开下载性能图，如图 10.5.4 所示。

（5）单击下载性能图中的方块，此时其左侧会显示该方块代表的帧的属性，如图 10.5.5 所示。

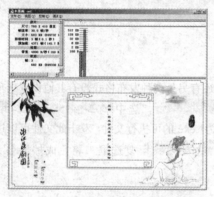
图 10.5.4　下载性能图

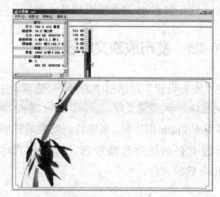
图 10.5.5　显示方块代表的帧的属性

（6）选择菜单栏中的 文件(F) → 发布设置(G)... 命令，弹出"发布设置"对话框。

（7）在该对话框中的 类型: 选项区中选中 ☑ GIF 图像（.gif）复选框，单击 GIF 标签，打开"GIF"选项卡，在该选项卡中设置参数，如图 10.5.6 所示。

（8）设置好参数后，单击 发布 按钮，即可将 Flash 动画发布为 GIF 格式，效果如图 10.5.7 所示。

图 10.5.6　在"GIF"选项卡中设置参数

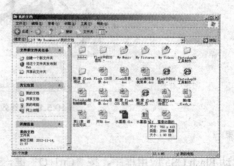
图 10.5.7　发布的"GIF"格式

（9）双击发布的 GIF 图标打开 GIF 动画，最终效果如图 10.5.1 所示。

本 章 小 结

　　本章主要介绍了 Flash 动画的后期处理，包括优化动画、测试动画、导出动画以及发布动画等内容。通过本章的学习，读者应掌握测试和优化动画的作用和方法，并能熟练地将制作好的作品导出或发布为不同类型的文件。

实 训 练 习

一、填空题

1．Flash CS5 中使用＿＿＿＿、＿＿＿＿和＿＿＿＿3 个命令来对作品进行测试。

2．＿＿＿＿格式是 Flash 默认的播放格式，也是用于在网络上传输和播放的格式。

3．Flash 文件体积越大，在网络上下载或播放的速度就会越慢，中途还会产生停顿现象。因此，在导出或发布动画作品时，最好对动画进行＿＿＿＿。

4．使用＿＿＿＿命令，可以为每一帧创建一个带有编号的图像文件。

5．在发布动画之前，用户可以在＿＿＿＿对话框中设置发布选项。

二、选择题

1．在默认情况下，只能将 Flash 动画发布为（　　）格式的文档。

（A）SWF　　　　　　　　　　　　　（B）HTML

（C）GIF　　　　　　　　　　　　　（D）JPEG

2．选择（　　）命令下的子命令可以设置调制解调器的速度。

（A）帧数图表(F)　　　　　　　　　　（B）下载设置(D)

（C）发布设置(G)...　　　　　　　　（D）带宽设置(B)

3．"发布"命令的快捷键是（　　）。

（A）Ctrl+F12　　　　　　　　　　　（B）F12

（C）Shift+F12　　　　　　　　　　　（D）Ctrl+ Shift+F12

4．下列（　　）不属于发布的影片文件。

（A）QuickTime 文件　　　　　　　　（B）GIF 文件

（C）HTML 文件　　　　　　　　　　（D）SWF 文件

三、简答题

1．简述优化对象包括哪几个方面。

2．简述导出和发布动画的方法。

3．简述如何在影片测试环境中测试动画。

四、上机操作题

　　打开制作好的 Flash 作品，利用本章所讲的测试、优化、输出和发布命令对作品进行一系列的操作，然后将其上传至网络。

第 11 章 综合应用实例

为了更好地了解并掌握 Flash CS5 的应用，本章准备了一些具有代表性的综合应用实例。所举实例由浅入深地贯穿本书的知识点，使读者能够深入了解 Flash 的相关功能和具体应用。

知识要点

- ⊕ 绘制水晶苹果壁纸
- ⊕ 制作拍照特效
- ⊕ 制作公益广告
- ⊕ 制作十字绣钟表
- ⊕ 制作电子相册

综合实例 1　绘制水晶苹果壁纸

实例内容

本例主要绘制水晶苹果壁纸，最终效果如图 11.1.1 所示。

图 11.1.1　最终效果图

设计思想

在制作过程中，将用到矩形工具、钢笔工具、文本工具、颜料桶工具、渐变变形工具、任意变形工具以及部分选取工具等。

操作步骤

（1）启动 Flash CS5 应用程序，新建一个 Flash 文档。

（2）按"Ctrl+J"键，弹出"文档设置"对话框，设置其对话框参数如图 11.1.2 所示。设置好参数后，单击 确定 按钮。

（3）单击工具箱中的"钢笔工具"按钮 ，并结合转换锚点工具 在舞台中绘制一个如图 11.1.3 所示的苹果轮廓。

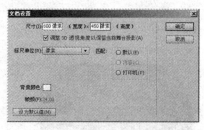

图 11.1.2 "文档设置"对话框

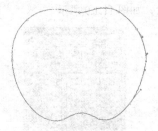

图 11.1.3 绘制苹果轮廓

（4）选择菜单栏中的 窗口(W) → 颜色(C) 命令，在打开的颜色面板中设置填充色为"#E3A570""#F0D69E""#F0D39B"到"#D46431"的线性渐变，如图 11.1.4 所示。

（5）单击工具箱中的"颜料桶工具"按钮 ，在绘制的苹果轮廓上单击进行色彩填充，然后使用渐变变形工具 调整渐变色的中心点和角度，效果如图 11.1.5 所示。

图 11.1.4 颜色面板

图 11.1.5 渐变色填充效果

（6）选择菜单栏中的 编辑(E) → 复制(C) 命令将对象复制到剪贴板中，然后选择 编辑(E) → 粘贴到当前位置(P) 命令将副本粘贴到复制对象的原位置。

（7）单击工具箱中的"任意变形工具"按钮 ，按住"Alt"键水平拖动控制点，将复制的对象以中心为基准等比例水平缩小一定的大小。

（8）将复制对象的填充色设置为"无"、笔触色设置为"黑色"，然后使用选择工具调整其形状，效果如图 11.1.6 所示。

（9）在打开的颜色面板中设置填充色为"#FED53F""#F9A224"到"#E63701"的径向渐变，然后重复步骤（5）的操作，对复制的对象进行径向渐变填充，效果如图 11.1.7 所示。

图 11.1.6 调整图形的形状

图 11.1.7 径向渐变填充效果

（10）重复步骤（6）的操作，先原位复制径向渐变填充的图形对象，然后在打开的颜色面板中将笔触颜色设置为"黑色"。填充色的第 1 个色标的 Alpha 值设置为"50%"。第 3 个色标值设置为"#E94700"，如图 11.1.8 所示。

（11）单击工具箱中的"删除锚点工具"按钮，删除图形上半部分的锚点，然后使用选择工具调整其形状，如图 11.1.9 所示。

图 11.1.8 更改径向渐变色

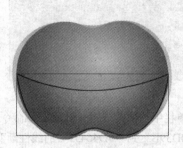

图 11.1.9 调整图形形状

（12）使用渐变变形工具调整渐变填充色的中心点位置，然后将图形的笔触颜色设置为"无"，效果如图 11.1.10 所示。

（13）设置笔触颜色为"黑色"，填充色为"无"，使用工具箱中的钢笔工具在舞台中绘制苹果左侧的高光轮廓，效果如图 11.1.11 所示。

图 11.1.10 绘制苹果立体感效果

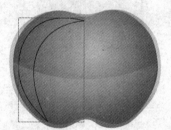

图 11.1.11 绘制左侧高光轮廓

（14）在打开的颜色面板中设置填充色为"#F87A2D"到"#FDCC5D"的线性渐变，并设置第一个色标的 Alpha 值为"44%"，然后重复步骤（5）的操作，对绘制的高光轮廓进行渐变填充，效果如图 11.1.12 所示。

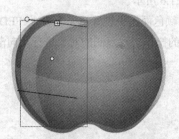

图 11.1.12 绘制左侧高光效果

（15）重复步骤（6）的操作，原位复制绘制的左侧高光图形，然后选择菜单栏中的 修改(M) →

变形(T) → 水平翻转(H) 命令，将复制的对象进行水平翻转，并将其水平移至如图 11.1.13 所示的位置。

（16）使用工具箱中的钢笔工具 和转换锚点工具 在舞台中绘制苹果上方的高光轮廓，效果如图 11.1.14 所示。

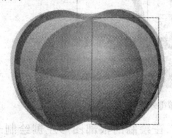
图 11.1.13 添加右侧高光效果

图 11.1.14 绘制上部高光轮廓

（17）在打开的颜色面板中设置填充色为 "#FDF0D7" 到 "#F8C768" 的线性渐变，然后使用颜料桶工具和渐变变形工具对绘制的图形进行渐变填充，并调整渐变色的中心点、方向和角度，效果如图 11.1.15 所示。

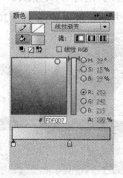

图 11.1.15 绘制上方高光效果

（18）单击工具箱中的 "椭圆工具" 按钮 ，在舞台中绘制一个填充色为 "#A54316" 的椭圆形，然后使用选择工具调整其形状，效果如图 11.1.16 所示。

（19）重复步骤（18）的操作，在绘制的图形下方绘制一个填充色为 "#DA3402" 的图形对象，效果如图 11.1.17 所示。

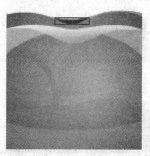
图 11.1.16 绘制根部阴影效果

图 11.1.17 绘制下方阴影效果

（20）使用工具箱中的钢笔工具在绘制的苹果图形上方绘制一个苹果蒂部的轮廓，然后使用部分选取工具和转换锚点工具调整其节点位置和形状。

（21）在打开的颜色面板中设置填充色为 "#EE9100" 到 "#6C2A06" 的线性渐变，然后使用颜料桶工具对绘制的根部轮廓进行渐变填充，并使用渐变变形工具调整渐变填充色的方向和角度，效果如图 11.1.18 所示。

图 11.1.18 绘制蒂部效果

（22）单击工具箱中的"线条工具"按钮 ，在绘制的根部图形左侧绘制一个笔触色为"#F0D59D"的线条，并使用选择工具调整出弧度，效果如图 11.1.19 所示。

（23）先使用工具箱中的钢笔工具在舞台中绘制一个叶子的轮廓，然后单击选择工具附加选项中的"平滑"按钮 ，将绘制的叶子轮廓进行平滑处理。

（24）先使用工具箱中的颜料桶工具将绘制的叶子轮廓填充为"#A7FB10"到"#468A03"的线性渐变，然后使用渐变变形工具调整渐变填充色的角度和大小，效果如图 11.1.20 所示。

图 11.1.19 绘制根部高光效果　　　　　　图 11.1.20 绘制叶子

（25）设置填充色为"#2C7800"、笔触颜色为"无"，使用工具箱中的刷子工具 在叶子图形的上方绘制叶脉，并对绘制的叶脉进行对齐和平滑处理，效果如图 11.1.21 所示。

（26）重复步骤（6）的操作，先原位复制绘制所有叶子图形，然后分别将复制的叶脉填充为"#2CFD12"、叶片填充为"#DEFF96"，效果如图 11.1.22 所示。

图 11.1.21 绘制叶脉　　　　　　图 11.1.22 绘制叶子的高光效果

（27）先使用工具箱中的选择工具框选绘制的所有叶子图形，然后选择菜单栏中的 修改(M) → 组合(G) 命令，组合叶子图形。

（28）按住"Alt"键，先在舞台中移动鼠标复制一个叶子副本，然后使用任意变形工具对叶子副本进行变形，效果如图 11.1.23 所示。

（29）先使用工具箱中的钢笔工具在苹果图形的下方绘制一个锯齿状图形，然后使用颜料桶工具将其填充为"#4E2400"到"#945D0D"的径向渐变，效果如图 11.1.24 所示。

 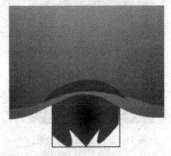

图 11.1.23　复制并变形叶子效果　　　图 11.1.24　绘制并填充锯齿状效果

（30）单击"线条工具"属性面板中的"自定义笔触样式"按钮，弹出"笔触样式"对话框，设置其对话框参数，如图 11.1.25 所示。设置好参数后，单击　确定　按钮。

（31）单击工具箱中的"墨水瓶工具"按钮，在绘制的锯齿状轮廓线上单击改变轮廓线的属性，并将其移至合适的位置，效果如图 11.1.26 所示。

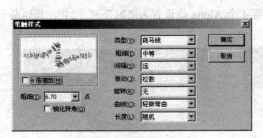 

图 11.1.25　"笔触样式"对话框　　　图 11.1.26　设置笔触属性效果

（32）先在打开的颜色面板中设置填充色为"#FDF0D7"到"#F8C768"的线性渐变，然后使用椭圆工具在苹果图形的左侧添加小高光效果，如图 11.1.27 所示。

（33）按住"Shift"键，依次选中绘制的小高光图形，然后按"Ctrl+G"键组合图形，再重复步骤（15）的操作，对其进行复制和变形，效果如图 11.1.28 所示。

图 11.1.27　绘制小高光效果　　　图 11.1.28　复制并变形小高光效果

（34）先设置填充色为"白色"，使用工具箱中的椭圆工具在绘制的图形上绘制 4 个椭圆形，然后使用部分选择工具调整椭圆的形状，效果如图 11.1.29 所示。

（35）重复步骤（33）的操作，组合绘制的水珠形状，然后按住"Alt"键在绘制的图形上拖曳出多个副本，并调整其大小和位置，效果如图 11.1.30 所示。

图 11.1.29 绘制水珠效果

图 11.1.30 复制并调整水珠大小

（36）先在打开的颜色面板中设置填充色为"#B3B3BB""#FFFFFF"到"#A5A4AC"的线性渐变，然后使用矩形工具在舞台中绘制一个与舞台大小相等的矩形，将其移至苹果图形的下方，再使用渐变变形工具调整填充色的角度和大小，效果如图 11.1.31 所示。

（37）先选中最下方绘制的苹果图形，然后原位复制一个副本，对复制的副本进行垂直翻转，再将其向下移动一定的距离。

（38）将其颜色面板中副本图形的填充色设置为"#B3B3BB""#FAFAF9""#F0D39B"到"#D96534"的径向渐变，然后将第 3 个和第 4 个 Alpha 值设置为"21"和"24"，其他两个设置为"0"，效果如图 11.1.32 所示。

图 11.1.31 绘制背景

图 11.1.32 绘制倒影效果

（39）先使用工具箱中的文本工具 T 在舞台的右侧输入垂直文本"Apple"，然后按"Ctrl+B"键分离文本，并对其进行位图填充，效果如图 11.1.33 所示。

（40）先将文本进行组合，然后复制两个文本副本，将上方的文本填充为白色，下方的文本填充为灰色，制作文本的立体感效果，如图 11.1.34 所示。

图 11.1.33 位图填充文本

图 11.1.34 制作立体文字效果

（41）使用文本工具在苹果倒影上方输入横排文本，然后按"Ctrl+Enter"键预览水晶苹果壁纸，最终效果如图 11.1.9 所示。

综合实例 2　制作拍照特效

 实例内容

本例主要制作拍照特效，最终效果如图 11.2.1 所示。

图 11.2.1　最终效果图

 设计思想

在制作过程中，将用到矩形工具、钢笔工具、线条工具、套索工具、渐变变形工具、变形面板以及动作面板等。

 操作步骤

（1）启动 Flash CS5 应用程序，新建一个 Flash 文档。

（2）按"Ctrl+J"键，弹出"文档设置"对话框，设置其对话框参数，如图 11.2.2 所示。设置好参数后，单击 确定 按钮。

（3）选择菜单栏中的 窗口(W) → 颜色(C) 命令，在打开的颜色面板中设置笔触颜色为"#FFFFFF"，填充色为"#FFFFFF"到"FFFFFF"的径向渐变，其中将第 1 个色标的不透明度设置为"0%",如图 11.2.3 所示。

图 11.2.2 "文档设置"对话框   图 11.2.3 颜色面板

(4)使用工具箱中的矩形工具 ，在舞台中绘制一个矩形，并使用对齐面板将其对齐于舞台中心，效果如图 11.2.4 所示。

(5)选择菜单栏中的 文件(F) → 导入(I) → 导入到库(L)... 命令，在弹出的"导入到库"对话框中选择两张图片，将其导入到库面板中，如图 11.2.5 所示。

图 11.2.4 绘制并填充矩形   图 11.2.5 库面板

(6)按"Ctrl+F8"键，从弹出的"创建新元件"对话框中创建一个名为"元件 1"的图形元件。在该元件的编辑模式中，将位图"01"从库中拖至舞台中，放置于如图 11.2.6 所示的位置。

(7)重复步骤(6)的操作，创建一个名为"元件 2"的图形元件。在该元件的编辑模式中，将元件 1 从库中拖至舞台中，并将其对齐于舞台中心。

(8)单击时间轴面板下方的"插入图层"按钮 ，新建图层 2。

(9)使用工具箱中的矩形工具 ，在舞台中绘制一个黑色的矩形，并使用对齐面板将其对齐于舞台中心，效果如图 11.2.7 所示。

图 11.2.6 位图"01"的位置   图 11.2.7 绘制黑色矩形

（10）在时间轴面板中的图层 2 上单击鼠标右键，从弹出的快捷菜单中选择 遮罩层 命令，为图层 1 添加遮罩效果，如图 11.2.8 所示。

（11）重复步骤（6）的操作，创建一个名为"元件 3"的影片剪辑元件。

（12）在元件 3 的编辑模式中，使用钢笔工具 绘制如图 11.2.9 所示的图形，并使用颜料桶工具将其填充为"#FF9900"。

图 11.2.8 添加遮罩后的效果

图 11.2.9 使用钢笔工具绘制的图形

（13）先在图层 1 的第 3 帧和第 5 帧处按"F6"键插入关键帧，然后将第 3 帧中图形的颜色更换为"#A19144"。

（14）重复步骤（6）的操作，创建一个名为"元件 4"的按钮元件。在该元件的编辑模式中，在 点击 帧上按"F6"键插入关键帧，并使用矩形工具绘制一个笔触高度为"1"，填充色为白色的矩形图形，如图 11.2.10 所示。

（15）重复步骤（6）的操作，创建一个名为"元件 5"的影片剪辑元件。在该元件的编辑模式中，选择菜单栏中的 文件(F) → 导入(I) → 导入到舞台(I)... 命令，在舞台中导入一幅动态的相机图片，效果如图 11.2.11 所示。

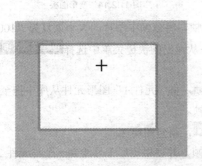

图 11.2.10 绘制白色矩形

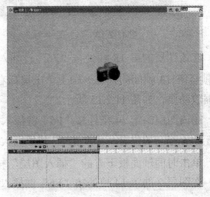

图 11.2.11 导入动态图片

（16）新建图层 2，在该图层的第 17 帧处按"F6"键插入关键帧。

（17）从打开的库面板中将创建的"元件 3"影片剪辑拖曳到舞台中，并将其置于照相机图片的右上方。

（18）新建图层 3，在该图层的第 17 帧处按"F6"键插入关键帧，然后从库面板中将创建的按钮"元件 4"拖曳至舞台中，并在其属性面板中为其添加色调样式，效果如图 11.2.12 所示。

（19）重复步骤（6）的操作，创建一个名为"元件 6"的图形元件。在该元件的编辑模式中，将图片"02"从库中拖至舞台上，放置于如图 11.2.13 所示的位置。

图 11.2.12 为按钮"元件 4"添加色调样式

（20）重复步骤（6）的操作，创建一个名为"元件 7"的影片剪辑元件。

（21）在元件 7 的编辑模式中，从库面板中将创建的"元件 6"图形元件拖入舞台中，然后在其属性面板中设置水平坐标和垂直坐标都为"－0.1"，并在变形面板中将图片的大小设置为"85%"，如图 11.2.14 所示。

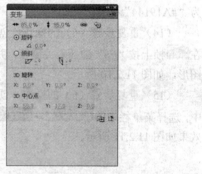

图 11.2.13 拖入图片"02"　　　　　　　　图 11.2.14 变形面板

（22）在该图层的第 13 帧处按"F6"键插入关键帧，将该帧中图片的大小恢复为"100%"，然后在第 1 帧至第 13 帧间的任意一帧上单击鼠标右键，从弹出的快捷菜单中选择 创建传统补间 命令，创建一段缩放动画，如图 11.2.15 所示。

（23）在该图层的第 14 帧处按"F6"键插入关键帧，将"元件 1"图形元件从库中拖至舞台中，放置于与元件 6 相同的位置，并在第 17 帧处插入普通帧。

（24）单击时间轴面板下方的"插入图层"按钮，新建图层 2。

（25）在图层 2 的第 14 帧处按"F6"键插入关键帧，并使用矩形工具绘制一个与元件 2 中遮罩大小相同的黑色矩形。

（26）先选中图层 2 中的第 41 帧，按"F5"键插入普通帧，然后重复步骤（10）的操作，创建遮罩效果。

（27）单击时间轴面板下方的"插入图层"按钮，新建图层 3。

（28）在图层 3 的第 17 帧处按"F6"键插入关键帧，将元件 2 从库中拖至舞台中，并与图层 2 中的遮罩相重合。

（29）先在图层 3 的第 41 帧处按"F6"键插入关键帧，然后在其属性面板中为该帧上的实例添加高级样式效果，设置其属性面板参数，如图 11.2.16 所示。

图 11.2.15 创建缩放动画 　　　　　　图 11.2.16 设置"高级"选项参数

（30）在图层 3 的第 17 帧至第 41 帧间的任意一帧上单击鼠标右键，从弹出的快捷菜单中选择 **创建传统补间** 命令，创建一段渐变动画，效果如图 11.2.17 所示。

（31）先单击时间轴面板下方的"插入图层"按钮 █ ，新建图层 4，使用矩形工具绘制一个笔触颜色为"白色"、填充色为透明至白色径向渐变的矩形，并与元件 2 中的矩形大小相同，然后在该图层的第 13 帧处按"F7"键插入空白关键帧，效果如图 11.2.18 所示。

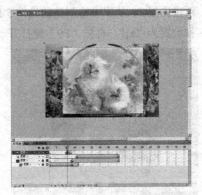

图 11.2.17 创建渐变动画 　　　　　　图 11.2.18 绘制并填充矩形

（32）创建一个名为"元件 8"的影片剪辑元件，在该元件的编辑模式中，按"Ctrl+R"键导入一幅位图，如图 11.2.19 所示。

（33）按"Ctrl+B"键分离位图，使用魔术棒工具 █ 抠出图片中的白色区域，效果如图 11.2.20 所示。

图 11.2.19 导入位图 　　　　　　图 11.2.20 修饰位图

（34）在库中用鼠标双击元件 7，进入其编辑状态，新建图层 5，在该图层的第 14 帧处按"F6"键插入关键帧，并将元件 8 从库中拖至舞台中，调整其大小及位置，在第 41 帧处插入普通帧，效果如图 11.2.21 所示。

（35）新建图层 6，使用工具箱中的线条工具 ![线条工具] 在舞台中绘制拍照时的焦点效果，如图 11.2.22 所示。

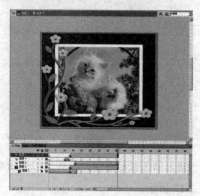

图 11.2.21　将元件 8 拖入舞台中

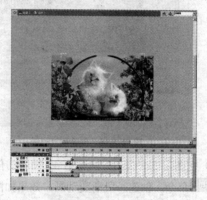

图 11.2.22　绘制焦点图形

（36）先在图层 6 的第 11 帧处插入关键帧，然后在变形面板中将第 1 帧上的实例缩小 "30%"，再在第 1 帧至第 11 帧间创建传统补间动画，效果如图 11.2.23 所示。

（37）新建图层 7，从库中将创建的元件 5 拖曳至舞台中，然后选中元件 5 实例，在其属性面板中将实例名称设置为 "xj"，再按 "F9" 键打开动作面板，在该面板中输入如图 11.2.24 所示的语句。

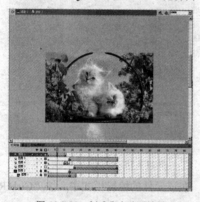

图 11.2.23　创建焦点动画效果

图 11.2.24　添加动作

（38）新建图层 8，在该图层的第 11 帧处按 "F6" 键插入关键帧，然后在库中导入拍照音频文件，并将其拖曳至舞台中，效果如图 11.2.25 所示。

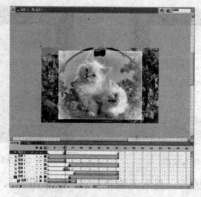

图 11.2.25　添加音频

（39）新建图层 9，选中该图层中的第 1 帧，在打开的动作面板中输入以下脚本语句：

stop();

（40）单击 按钮返回主场景。新建图层 2，将库中创建的"元件 7"影片剪辑拖曳至舞台中，并在其属性面板中将实例名称设置为"mc"。

（41）至此，该特效制作完成，按"Ctrl+Enter"键预览动画，最终效果如图 11.2.1 所示。

综合实例 3　制作公益广告

实例内容

本例主要制作宣传带小狗出去时系上绳子的公益广告，最终效果如图 11.3.1 所示。

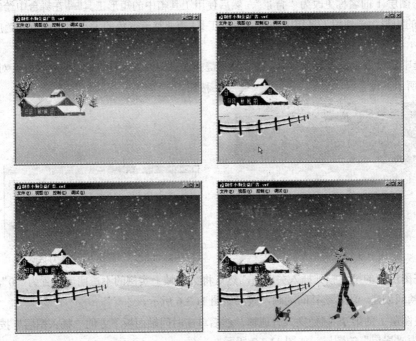

图 11.3.1　最终效果图

设计思想

在制作过程中，将用到矩形工具、椭圆工具、渐变变形工具、钢笔工具、Deco 工具、刷子工具、喷涂刷工具、文本工具以及遮罩命令等。

操作步骤

（1）启动 Flash CS5 应用程序，新建一个 Flash 文档。

（2）按"Ctrl+J"键，弹出"文档设置"对话框，设置其对话框参数，如图 11.3.2 所示。

（3）选择菜单栏中的 窗口(W) → 颜色(C) 命令，在打开的颜色面板中设置填充色为"#3D81E6" "#4BBDFC""#70CCFD""#EAF2FD"到"#C2E1FD"的线性渐变，如图 11.3.3 所示。

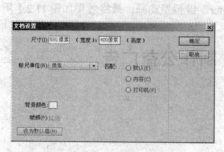

图 11.3.2 "文档设置"对话框

图 11.3.3 颜色面板

（4）将图层 1 的名称更改为"背景"，然后使用工具箱中的矩形工具▢在舞台中绘制一个与舞台大小相等的矩形，再使用工具箱中的渐变变形工具▣调整渐变色的大小、中心点和角度，效果如图 11.3.4 所示。

（5）选中舞台中绘制的矩形图形，按"F8"键弹出"转换为元件"对话框，设置其对话框参数，如图 11.3.5 所示。设置好参数后，单击 确定 按钮。

图 11.3.4 绘制并填充矩形

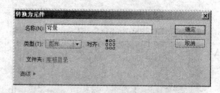

图 11.3.5 "转换为元件"对话框

（6）在图层 1 的第 5 帧处插入关键帧，然后将第 1 帧上实例的不透明度设置为"0"，再在第 1 帧间至第 5 帧间创建一段传统补间动画，效果如图 11.3.6 所示。

（7）在图层 1 的第 75 帧处插入普通帧，然后单击时间轴面板下方的"插入图层"按钮▣，新建一个名称为"房屋"的图层，如图 11.3.7 所示。

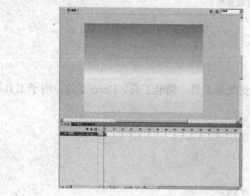

图 11.3.6 创建补间动画

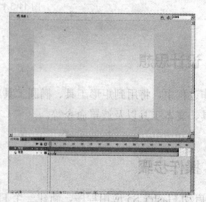

图 11.3.7 新建"房屋"图层

（8）在房屋图层的第5帧处插入关键帧，然后使用工具箱中的钢笔工具 在舞台中绘制房屋的整体轮廓。

（9）使用工具箱中的矩形工具和椭圆工具绘制门和窗户轮廓，然后将绘制的窗户和玻璃进行联合，再在舞台中拖曳出多个副本，效果如图11.3.8所示。

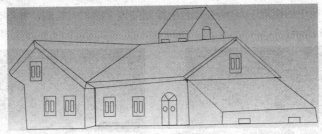

图11.3.8 绘制房屋轮廓

（10）使用工具箱中的颜料桶工具 和墨水瓶工具 分别对绘制的房屋和门窗进行填充，效果如图11.3.9所示。

图11.3.9 填充房屋效果

（11）使用工具箱中的刷子工具 在绘制的房屋上方绘制积雪效果，其中设置积雪填充色分别为"#FFFFFF""#F3F9FE"和"#BCE2F9"，然后组合绘制的房屋图形，效果如图11.3.10所示。

图11.3.10 绘制积雪效果

（12）选中组合后的房屋图形，然后按"F8"键将其转换为图形元件，如图11.3.11所示。

图11.3.11 将房屋图形转换为元件

（13）在房屋图层第 15 帧处插入关键帧，然后将第 5 帧上的实例拖曳至如图 11.3.12 所示的位置。

（14）在房屋图层的第 5 帧至第 15 帧间创建一段传统补间动画，并将第 5 帧上实例的不透明度设置为"0"。

（15）新建一个名称为"积雪"的图层，然后在第 10 帧上插入关键帧。

（16）使用工具箱中的钢笔工具 在舞台中绘制陆地上的积雪轮廓，并结合选择工具调整其形状，效果如图 11.3.13 所示。

图 11.3.12　移动实例的位置　　　　　　　图 11.3.13　绘制积雪轮廓

（17）选中绘制的积雪轮廓，然后在打开的颜色面板中设置笔触颜色为"无"、填充色为"#C7E3FD"到 "#FFFFFF"的线性渐变，再使用渐变变形工具 调整渐变色的大小和角度。

（18）使用选择工具选中舞台中绘制的积雪图形，然后按"F8"键将其转换为图形元件，效果如图 11.3.14 所示。

（19）在积雪图层的第 20 帧处插入关键帧，然后将第 10 帧上实例的不透明度设置为"0"，再在第 10 帧至第 20 帧键创建一段传统补间动画。

（20）新建一个名称为"遮罩"的图层，然后在第 10 帧处使用工具箱中的刷子工具 在舞台左侧绘制如图 11.3.15 所示的曲线。

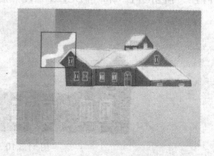

图 11.3.14　创建"积雪"实例　　　　　　　图 11.3.15　绘制曲线

（21）在遮罩图层的第 20 帧处插入关键帧，原位复制一个积雪图形副本，然后在第 10 帧至第 20 帧间创建一段形状补间动画。

（22）在时间轴面板中的遮罩名称上单击鼠标右键，从弹出的快捷菜单中选择 遮罩层 命令，为积雪图层添加遮罩效果，如图 11.3.16 所示。

（23）新建一个名为"栅栏"的图层，然后在第 15 帧处按"F6"键插入关键帧。

（24）使用工具箱中的刷子工具 在舞台中绘制栅栏图形，其中将栅栏的填充色设置为"#763300"，积雪的填充色设置为"#FFFFFF"，效果如图 11.3.17 所示。

（25）使用椭圆工具和选择工具绘制栅栏底部的积雪，并按住"Alt"键复制多个副本，分别将其移至各个木桩的下方，然后使用任意变形工具 调整各个副本的大小，效果如图 11.3.18 所示。

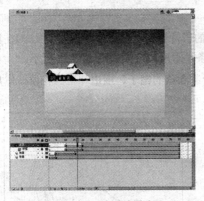

图 11.3.16　创建遮罩动画

图 11.3.17　绘制栅栏和积雪效果

（26）使用选择工具选中栅栏图层上的所有图形，按"F8"键将其转换为图形元件。

（27）将绘制的栅栏图形转换为图形元件，然后在该图层的第 25 帧处插入关键帧，并在第 15 帧至第 25 帧间创建一段传统补间动画，其中将第 15 帧上实例的不透明度设置为"0%"。

（28）新建一个名称为"树 1"的图层，并将其拖曳至房屋图层的下方。

（29）在树 1 图层的第 10 帧处插入关键帧，然后使用工具箱中的 Deco 工具 在舞台中绘制树，并分别将其组合，效果如图 11.3.19 所示。

图 11.3.18　绘制木桩下方的积雪

图 11.3.19　绘制树

（30）使用喷涂刷工具 在绘制的树图形上进行喷涂，以制作出积雪效果，如图 11.3.20 所示。

（31）新建一个名称为"树 2"的图层，并将其拖曳至"栅栏"图层的下方，然后将绘制的圣诞树和右侧的树原位粘贴到该图层的第 20 帧处，再将其转换为图形元件。

（32）使用工具箱中的任意变形工具对树 2 图层中的实例进行缩放变形，效果如图 11.3.21 所示。

图 11.3.20　给树枝添加积雪效果

图 11.3.21　缩放变形元件

（33）在树 2 图层的第 25 帧处插入关键帧，然后将第 20 帧上的实例不透明度设置为"0"，再在第 20 帧至第 25 帧间创建一段传统补间动画。

（34）在树 1 图层的第 25 帧处插入关键帧，然后将第 10 帧上实例的不透明度设置为"0"，在各关键帧间创建淡出动画效果。

（35）按"Ctrl+F8"键创建一个名为"女孩"的影片剪辑，然后使用钢笔工具 ![图标] 在舞台中绘制卡通女孩和小狗的轮廓，并调整各节点的位置和线条平滑度，效果如图 11.3.22 所示。

（36）使用工具箱中的铅笔工具 ![图标] 在舞台中绘制女孩的帽子、围巾和鞋的花纹，然后再绘制小狗的眼睛和项圈，效果如图 11.3.23 所示。

图 11.3.22　绘制女孩和小狗轮廓

图 11.3.23　绘制细节线条

（37）选择菜单栏中的 文件(F) → 导入(I) → 导入到库(L)... 命令，在库面板中导入小狗、帽子和毛衣花纹图片，如图 11.3.24 所示。

（38）使用选择工具分别选中女孩的帽子、裤子和小狗的轮廓，使用颜色面板对其进行位图填充，效果如图 11.3.25 所示。

图 11.3.24　库面板

图 11.3.25　应用位图填充效果

（39）使用工具箱中的颜料桶工具对绘制的其他部位进行纯色填充，并使用墨水瓶工具去除轮廓色，效果如图 11.3.26 所示。

（40）在栅栏图层的上方新建一个名称为"女孩"的图层，然后在该图层的第 33 帧处插入关键帧，从库中将创建的"女孩"元件拖曳到如图 11.3.27 所示的位置。

图 11.3.26　填充其他部位

图 11.3.27　拖入"女孩"元件剪辑到舞台中

（41）在女孩图层的第 40 帧处插入关键帧，然后将第 33 帧中的实例拖曳至如图 11.3.28 所示的位置，并调整其大小和不透明度，再在该图层的第 33 帧至第 40 帧间创建一段传统补间动画。

（42）新建一个名称为"脚印"的图层，并将其拖曳至女孩图层的下方，然后在第 30 帧处插入关键帧，使用绘图工具在舞台中绘制白色的脚印，如图 11.3.29 所示。

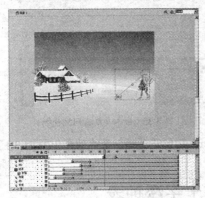

图 11.3.28　第 33 帧上的实例　　　　图 11.3.29　绘制脚印

（43）将绘制的脚印转换为图形元件，然后分别在第 33，36 和 39 帧处插入关键帧，并依次增加脚印数，并调整脚印实例的大小和位置，效果如图 11.3.30 所示。

（44）新建一个名称为"文本 1"的图层，在该图层的第 40 帧处插入关键帧，然后使用文本工具 T 在舞台中输入广告语的上半句，效果如图 11.3.31 所示。

图 11.3.30　制作脚印动画　　　　图 11.3.31　输入文本效果

（45）分离文本，然后将其转换为图形元件，在文本 1 图层的第 60 帧处插入关键帧，再使用任意变形工具水平缩小第 40 帧上的文本。

（46）在文本 1 图层的第 40 帧至第 60 帧间创建一段传统补间动画，然后将第 40 帧上的实例透明度设置为"0"。

（47）新建一个名称为"文本 2"的图层，在该图层的第 50 帧处输入广告语的下半句，然后重复步骤（45）和（46）的操作，在该图层的第 50 帧至第 70 帧间创建一段文字变形动画效果，此时的时间轴面板如图 11.3.32 所示。

（48）新建一个名称为"飞雪"的图层，然后在该图层的第 15 帧处插入关键帧，再选择菜单栏中的 文件(F) → 导入(I) → 导入视频... 命令，在 Flash CS5 文档中嵌入 FLV 视频。

（49）按住"Alt"键，在舞台中复制一个视频文件副本，并调整其大小及位置，效果如图 11.3.33 所示。

 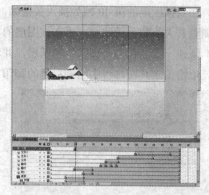

图 11.3.32 创建文字变形动画　　　　　　　　图 11.3.33 嵌入并复制 FLV 视频

（50）至此，该公益广告制作完成，按"Ctrl+Enter"键预览动画，最终效果如图 11.3.1 所示。

综合实例 4　制作十字绣钟表

实例内容

本例主要制作多功能十字绣钟表，最终效果如图 11.4.1 所示。

图 11.4.1 最终效果图

设计思想

在制作过程中，将用到线条工具、椭圆工具、多角星形工具、矩形工具、魔棒工具、文本工具、变形面板以及动作面板等。

操作步骤

（1）启动 Flash CS5 应用程序，新建一个 Flash 文档。

（2）按"Ctrl+J"键，弹出"文档设置"对话框，设置其对话框参数，如图 11.4.2 所示。设置好参数后，单击　　确定　　按钮。

（3）按"Ctrl+F8"键，弹出"新建元件"对话框，设置其对话框参数，如图 11.4.3 所示。

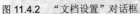

图 11.4.2 "文档设置"对话框　　　　　　　　　图 11.4.3 "新建元件"对话框

（4）单击 确定 按钮，进入该元件的编辑窗口。将图层 1 重命名为"钟盘"，然后按"Ctrl+R"键导入一幅十字绣位图，效果如图 11.4.4 所示。

（5）使用选择工具选中导入的位图，单击其属性面板中的 编辑... 按钮，在 Photoshop CS5 中编辑该图片，效果如图 11.4.5 所示。

图 11.4.4 导入位图　　　　　　　　　　　　图 11.4.5 编辑位图

（6）设置笔触颜色为"#FFFF00"，按住"Shift"键，使用工具箱中的线条工具 在舞台中绘制一条直线。

（7）选择菜单栏中的 窗口(W) → 对齐(G) 命令，在打开的对齐面板中单击 和 按钮，将图片和线条对齐于舞台中心，效果如图 11.4.6 所示。

（8）选择菜单栏中的 窗口(W) → 变形(T) 命令，在打开的变形面板右下方单击"重置选区和变形"按钮 复制线条对象，然后选中 旋转 单选按钮，在其后的文本框中输入数值"30"，如图 11.4.7 所示。

图 11.4.6 绘制直线　　　　　　　　　　　　图 11.4.7 变形面板

（9）在变形面板中单击"重置选区和变形"按钮 4 次，复制并旋转绘制的线条，效果如图 11.4.8 所示。

（10）按住 "Alt+Shift" 键，使用椭圆工具 以舞台中心为基点绘制一个填充色为 "#A20E1E" 的圆形，如图 11.4.9 所示。

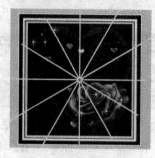

图 11.4.8　复制并旋转线条

图 11.4.9　绘制并填充色圆形

（11）单击时间轴面板下方的 "插入图层" 按钮 ，新建一个名称为 "刻度" 的图层。

（12）单击工具箱中的 "文本工具" 按钮 ，设置其属性面板参数，如图 11.4.10 所示。

（13）设置好参数后，在钟盘各刻度的位置输入 12 个数字，并结合键盘上的方向键将其移至合适的位置，效果如图 11.4.11 所示。

图 11.4.10　设置 "文本工具" 属性面板

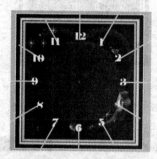

图 11.4.11　输入文字

（14）删除绘制的所有刻度线，然后使用变形面板缩小绘制的圆形，效果如图 11.4.12 所示。

（15）重复步骤（3）的操作，创建一个名称为 "时针" 的影片剪辑。

（16）在该元件的编辑窗口中，设置填充色为 "#0000FF"，按住 "Shift" 键绘制一条垂直的直线，并将其底部对齐于舞台中心。

（17）按住 "Shift" 键，使用矩形工具 在线条上方绘制一个填充色为 "#0000FF"、笔触颜色为 "#000000" 的小正方形，并将其水平对齐于舞台中心，效果如图 11.4.13 所示。

图 11.4.12　绘制钟盘效果

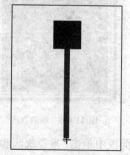

图 11.4.13　绘制时针

（18）在库面板中的"时针"影片剪辑上单击鼠标右键，从弹出的快捷菜单中选择 直接复制 命令，弹出"直接复制元件"对话框，设置其对话框参数，如图 11.4.14 所示。

（19）双击"分针"元件，进入该元件的编辑窗口，在属性面板中调整线条的长度和宽度，然后使用多角星形工具 ◎ 在小正方形的位置绘制一个填充色为"#FFFF00"、笔触颜色为"#000000"的三角形，如图 11.4.15 所示。

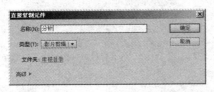

图 11.4.14 "直接复制元件"对话框

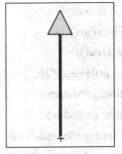

图 11.4.15 绘制分针

（20）重复步骤（18）和（19）的操作，创建一个名为"秒针"的影片剪辑元件，效果如图 11.4.16 所示。

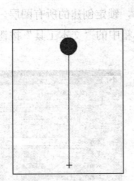

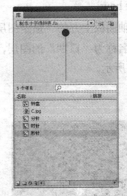

图 11.4.16 创建"秒针"影片剪辑元件效果

（21）按"Ctrl+E"键，返回主场景。将时间轴面板中的图层 1 重命名为"钟盘"，然后从库面板中将创建的"钟盘"图形元件拖曳到舞台的中心位置。

（22）单击时间轴面板下方的"插入图层"按钮 ，分别新建 3 个名称为"时针""分针"和"秒针"的图层，如图 11.4.17 所示。

（23）从库中将创建的 3 个影片剪辑元件拖曳到对应的图层中，并将实例的注册点"＋"和中心点与舞台中心点相重合，然后使用任意变形工具 调整各实例的大小，效果如图 11.4.18 所示。

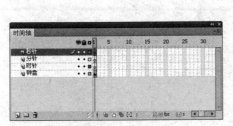

图 11.4.17 时间轴面板

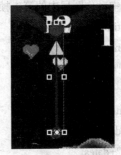

图 11.4.18 拖入并调整实例

（24）分别选中舞台中的"时针""分针"和"秒针"实例，在其属性面板中依次设置实例名称为"zxhour""zxminute"和"zxsecond"。

（25）将"秒针"图层作为当前图层，然后使用椭圆工具 在舞台中心位置绘制一个白色的小圆形，效果如图 11.4.19 所示。

（26）新建一个名称为"动作"的图层，然后选中该图层的第 1 帧，按"F9"键，在打开的动作面板中输入以下脚本语句：

```
function ClockFun() {
time = new Date();
hour = time.getHours()*30;
minute = time.getMinutes()*6;
second = time.getSeconds()*6;
minute += time.getSeconds()/10;
hour += time.getMinutes()/2;
zxsecond._rotation = second;
zxminute._rotation = minute;
zxhour._rotation = hour;
```

（27）单击时间轴面板上方的"锁定图层"按钮 ，锁定创建的所有图层。

（28）新建一个名称为"日期"的图层，单击工具箱中的"文本工具"按钮 ，设置其属性面板参数，如图 11.4.20 所示。

图 11.4.19 绘制钟表圆心

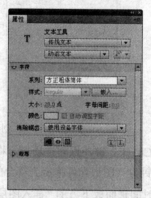

图 11.4.20 设置显示日期的文本属性

（29）设置好参数后，在舞台中拖出一个动态文本框，然后在该文本实例的属性面板中设置变量名为"zxdate"。

（30）选中动作图层中的第 1 帧，在打开的动作面板中输入以下脚本语句：

```
months = time.getMonth();
if (length(months) == 1) {
months = "0"+months;
}
dates = time.getDate();
if (length(dates) == 1) {
dates = "0"+dates;
```

```
}
```
zxdate = time.getFullYear()+"/"+months+"/"+dates;

（31）新建一个名称为"星期"的图层，单击工具箱中的"文本工具"按钮 ，在其属性面板中设置文本类型为"动态文本"，字体为"黑体"，字号为"27"，颜色为"#00FF00"。

（32）设置好参数后，在"日期"文本实例下方拖出一个动态文本框，然后在该文本实例的属性面板中设置变量名为"zxweekday"，如图 11.4.21 所示。

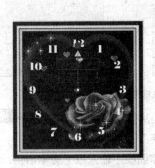

图 11.4.21　创建"星期"文本实例

（33）选中动作图层中的第 1 帧，在打开的动作面板中输入以下脚本语句：

weekdays = new Array('星期日','星期一','星期二','星期三','星期四','星期五','星期六');

weekday = time.getDay();

zxweekday = weekdays[weekday];

（34）新建一个名称为"时间"的图层，单击工具箱中的"文本工具"按钮，在其属性面板中设置文本类型为"动态文本"，字体为"Arial Rounded MT Bold"，字号为"20"，颜色为"#FFCC00"。

（35）设置好参数后，在钟盘的右下角拖出一个动态文本框，然后在该文本实例的属性面板中设置变量名为"zxtime"。

（36）选中动作图层中的第 1 帧，在打开的动作面板中输入以下脚本语句：

hours = time.getHours();

minutes = time.getMinutes();

seconds = time.getSeconds();

hours = (time.getHours()==0)?

"0"+hours:

time.getHours();

minutes = (length(minutes) == 1)?

"0"+time.getMinutes():

time.getMinutes();

seconds = (length(seconds) == 1)?

"0"+seconds:

time.getSeconds();

zxtime = hours+":"+minutes+":"+seconds;

（37）选择菜单栏中的 文件(F) → 导入(I) → 导入到库(L)... 命令，在弹出的"导入到库"对话框中选择如图 11.4.22 所示的"嘀嗒声"音频文件，将其导入到库面板中。

图 11.4.22 导入"嘀嗒声"音频文件

（38）在库面板中的声音文件上单击鼠标右键，从弹出的快捷菜单中选择 属性... 命令，在弹出的"声音属性"对话框中设置声音标识符为"嘀嗒声"，如图 11.4.23 所示。

（39）选中动作图层中的第 1 帧，在打开的动作面板中输入以下脚本语句：

dida = new Sound();

dida.attachSound("嘀嗒声");

dida.start();

（40）新建一个名称为"闹铃"的图层，单击工具箱中的"文本工具"按钮 T ，在其属性面板中设置文本的各选项参数，如图 11.4.24 所示。

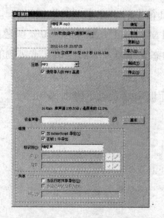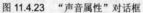

图 11.4.23 "声音属性"对话框   图 11.4.24 设置"输入文本"属性

（41）设置好参数后，在钟盘的左下方拖出两个输入文本框，然后在其属性面板中设置文本的最大字符数为"2"。

（42）使用文本工具在两个输入文本框的中间输入一个静态文本"："，然后将静态文本左侧的输入文本框变量名设置为"zxhours"，右侧的变量名设置为"zxmin"，效果如图 11.4.25 所示。

（43）重复步骤（37）和（38）的操作，在库面板中导入一个名称为"报时声"的音频文件，并在其"声音属性"对话框中将该声音的标识符设置为"报时声"。

（44）选中动作图层中的第 1 帧，在打开的动作面板中输入以下脚本语句：

```
gugu = new Sound();
gugu.attachSound("报时声");
if (seconds == 0 && minutes == 0){
gugu.start();
}
if((zxhour == time.getHours()) &&
(zxmin== time.getMinutes()) &&
(time.getSeconds()%10 == 0)) {
gugu.start();
}
}
setInterval(ClockFun,1000);
```

（45）重复步骤（3）的操作，创建一个名称为"闹钟"的影片剪辑，然后在该元件的编辑窗口中隔一帧导入 6 幅闹钟位图，并在第 12 帧处插入普通帧，如图 11.4.26 所示。

图 11.4.25　设置"输入文本"属性

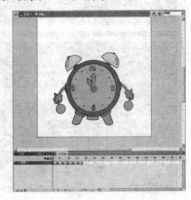

图 11.4.26　导入位图

（46）按"Ctrl+B"键，分离各关键帧上的位图，然后使用套索工具附加选项中的魔棒工具选中位图的白色背景，按"Delete"键将其删除，效果如图 11.4.27 所示。

（47）按"Ctrl+E"键，返回主场景。从库面板中将创建的"闹钟"影片剪辑元件拖曳到输入文本实例的上方，并在其属性面板绘制添加"高级"样式，效果如图 11.4.28 所示。

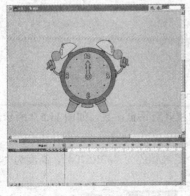

图 11.4.27　编辑位图

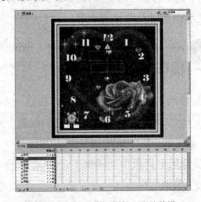

图 11.4.28　拖入"闹钟"影片剪辑

（48）至此，十字绣钟表制作完成，按"Ctrl+Enter"键进行预览，最终效果如图 11.4.1 所示。

综合实例 5　制作电子相册

 实例内容

本例主要制作电子相册，最终效果如图 11.5.1 所示。

图 11.5.1　最终效果图

 设计思想

在制作过程中，主要用到矩形工具、基本矩形工具、魔棒工具、椭圆工具、任意变形工具、文本工具、变形面板以及动作脚本等。

 操作步骤

（1）启动 Flash CS5 应用程序，新建一个 Flash 文档。

（2）按"Ctrl+J"键，弹出"文档设置"对话框，设置其对话框参数，如图 11.5.2 所示。设置好参数后，单击 `确定` 按钮。

（3）使用工具箱中的矩形工具 在舞台中绘制一个笔触颜色为"#3E5704"，高度为"4"，填充色为"无"的矩形框。

（4）选中绘制的矩形框，选择菜单栏中的 `编辑(E)` → `复制(C)` 命令将对象复制到剪贴板中，然后选择 `编辑(E)` → `粘贴到当前位置(P)` 命令将副本粘贴到复制对象的原位置。再将其笔触颜色更改为"白色"、高度为"2",并使用变形面板将其放大一定的矩形,效果如图11.5.3所示。

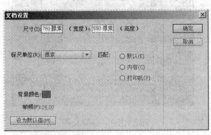 

图 11.5.2 "文档属性"对话框 　　　　图 11.5.3 绘制矩形立体框架

(5)单击工具箱中的"基本矩形工具"按钮,设置其属性面板参数,如图11.5.4所示。

(6)设置好参数后,在舞台中绘制一个柳叶形状的图像,然后选择菜单栏中的 修改(M) → 排列(A) → 移至底层(B) 命令,将绘制的图形移至立体框架的下方,效果如图11.5.5所示。

 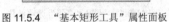

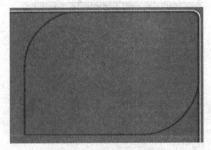

图 11.5.4 "基本矩形工具"属性面板 　　　图 11.5.5 绘制柳叶形状图形

(7)重复步骤(4)的操作,在舞台中原位复制一个柳叶状图形副本,然后使用方向键将图形向右下方移动一定的距离,并将其填充为"#FFFFFF",效果如图11.5.6所示。

(8)使用工具箱中的矩形工具在舞台的左下方绘制一个填充色为"#487E00"、笔触色为"#FFFFFF"的矩形,并将其移至矩形立体框架的下方,如图11.5.7所示。

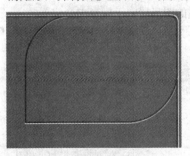 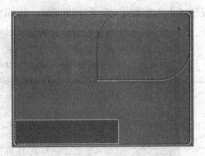

图 11.5.6 绘制柳叶状立体图形 　　　　图 11.5.7 绘制矩形图形

(9)按"Ctrl+R"键,导入一幅位图,如图11.5.8所示。

(10)按"Ctrl+B"键分离位图,然后使用工具箱中的魔棒工具选取位图的白色背景,按"Delete"键将其删除。

(11)选择菜单栏中的 修改(M) → 合并对象(O) → 联合 命令,将分离后的位图进行合并,然后将其移至矩形框架的下方并进行水平翻转,效果如图11.5.9所示。

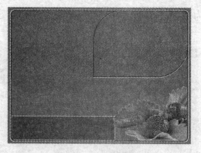

图 11.5.8 导入位图　　　　　　　　　　　图 11.5.9 编辑位图

（12）重复步骤（9）～（11）的操作，在舞台中导入一幅小鸟图片，并对其进行编辑，然后按"F8"键将其转换为图形元件，效果如图 11.5.10 所示。

（13）选中转换后的图形元件，然后在其属性面板中为该元件添加"高级"样式，设置其参数，如图 11.5.11 所示。

图 11.5.10 将位图转换为图形元件　　　图 11.5.11 设置"高级"选项参数

（14）重复步骤（9）～（11）的操作，在舞台中导入一幅向日葵图片，并对其进行编辑操作，效果如图 11.5.12 所示。

（15）选中图层 1 中的第 1 帧，按"Ctrl+G"键组合图形。

（16）选择菜单栏中的 窗口(W) → 对齐(G) 命令，打开如图 11.5.13 所示的对齐面板，单击"水平中齐"按钮 和"垂直中齐"按钮 ，将组合后的图形居中于舞台中心位置。

图 11.5.12 绘制电子相册模板　　　　　　图 11.5.13 对齐面板

（17）选择菜单栏中的 文件(F) → 导入(I) → 导入到库(L)... 命令，在弹出的"导入到库"对话框中选择 4 幅小鸟的图片，将其导入到库面板中，如图 11.5.14 所示。

（18）按"Ctrl+F8"键，弹出"创建新元件"对话框，设置其对话框参数，如图 11.5.15 所示。设置好参数后，单击 确定 按钮，进入该元件的编辑窗口。

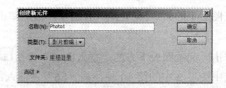

图 11.5.14 库面板   图 11.5.15 "创建新元件"对话框

（19）从打开的库面板中将导入的第 1 幅位图拖入到编辑区中，并重复步骤（14）的操作，将其对齐于舞台中心，效果如图 11.5.16 所示。

（20）在库面板中的"Photo1"影片剪辑元件上单击鼠标右键，从弹出的快捷菜单中选择 **直接复制** 命令，在弹出的"直接复制元件"对话框中设置名称为"Photo2"。

（21）双击库面板中的"Photo2"影片剪辑元件，进入该元件的编辑窗口。选中编辑区中的位图，在其属性面板中单击 **交换...** 按钮，在弹出的"交换位图"对话框中选中如图 11.5.17 所示的位图，得到的效果如图 11.5.18 所示。

图 11.5.16 "Photo1"元件的编辑窗口   图 11.5.17 "交换位图"对话框

（22）重复步骤（20）和（21）的操作，在库面板中复制两个影片剪辑元件，分别命名为"Photo3"和"Photo4"，然后交换各编辑区中的位图，此时的库面板如图 11.5.19 所示。

图 11.5.18 "Photo2"元件的编辑窗口   图 11.5.19 创建 4 个影片剪辑元件

（23）按"Ctrl+E"键，返回到主场景。

（24）从打开的库面板中将创建的 4 个影片剪辑元件分别拖曳到舞台中，并从左至右依次排列，效果如图 11.5.20 所示。

（25）分别选中舞台中的"Photo1""Photo2""Photo3""Photo4"实例，在其属性面板中将实例名称依次命名为"P1""P2""P3""P4"。

（26）在图层 1 的第 53 帧处插入普通帧，然后单击时间轴面板上方的"锁定图层"按钮，锁定图层 1。

（27）单击时间轴面板下方的"插入图层"按钮，新建图层 2。

（28）选中图层 2 中的第 10 帧，按"F6"键插入关键帧，然后从打开的库面板中将"Photo1"元件拖曳到舞台的右上方。

（29）在图层 2 的第 20 帧处插入关键帧，并删除第 20 帧后面的所有帧，再将第 10 帧上实例的混合模式设置为"增加"，效果如图 11.5.21 所示。

图 11.5.20　拖入并排列元件效果　　　　　　图 11.5.21　第 10 帧上的实例效果

（30）新建图层 3，在该图层的第 10 帧处插入关键帧，然后将图层 1 中绘制的柳叶状图形原位复制到图层 3 中，并将图形的填充色设置为"#996600"，如图 11.5.22 所示。

（31）在图层 3 的第 20 帧处插入关键帧，然后使用任意变形工具将第 10 帧上图形的中心点移至左上方，将该图形缩小至最小。

（32）在图层 3 的第 10 帧至第 20 帧间的任意一帧上单击鼠标右键，从弹出的快捷菜单中选择 创建补间形状 命令，创建一段形状补间动画，然后在图层 3 名称上单击鼠标右键，从弹出的快捷菜单中选择 遮罩层 命令，将普通层转换为遮罩图层，并删除后面多余的帧，效果如图 11.5.23 所示。

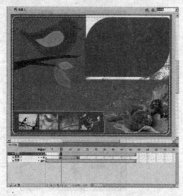 

图 11.5.22　原位复制图形效果　　　　　　图 11.5.23　"Photo1"实例的遮罩动画

（33）选中图层 3 的第 20 帧，在打开的动作面板中输入以下脚本语句：

stop();

（34）新建图层 4，在该图层的第 21 帧处插入关键帧，然后从库面板中将创建的"Photo2"元件拖曳至该图层中，在该图层的第 31 帧处插入关键帧，再将第 21 帧上实例的混合模式设置为"叠加"，效果如图 11.5.24 所示。

（35）新建图层 5，将图层 3 中的所有帧复制到该图层的第 21 帧处，然后将该帧上的图形右下方缩小，然后重复步骤（32）的操作，创建遮罩动画，再删除图层 4 和图层 5 第 31 帧后的所有帧，如图 11.5.25 所示。

图 11.5.24　设置"Photo2"实例的混合效果　　　图 11.5.25　"Photo2"实例的遮罩动画

（36）新建图层 6，在该图层的第 32 帧处插入关键帧，然后从库面板中将创建的"Photo3"元件拖曳至该图层中，在该图层的第 42 帧处插入关键帧，再将第 32 帧上实例的混合模式设置为"正片叠底"，效果如图 11.5.26 所示。

（37）新建图层 7，将图层 5 中的所有帧复制到该图层的第 32 帧处，然后将该帧上的图形右上方缩小，重复步骤（32）的操作，创建遮罩动画，再删除图层 4 和图层 5 第 31 帧后的所有帧，如图 11.5.27 所示。

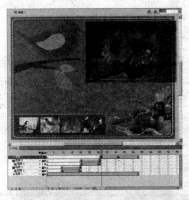 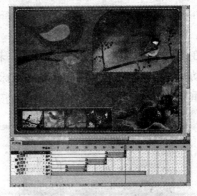

图 11.5.26　设置"Photo3"实例的混合效果　　　图 11.5.27　"Photo3"实例的遮罩动画

（38）新建图层 8，在该图层的第 43 帧处插入关键帧，然后从库面板中将创建的"Photo4"元件拖曳至该图层中，在该图层的第 53 帧处插入关键帧，再将第 43 帧上实例的混合模式设置为"变亮"，效果如图 11.5.28 所示。

（39）新建图层 9，将图层 7 中的所有帧复制到该图层的第 43 帧处，然后将该帧上的图形左下方缩小，重复步骤（32）的操作，创建遮罩动画，如图 11.5.29 所示。

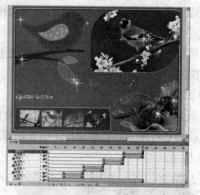

图 11.5.28 设置"Photo4"实例的混合效果　　　图 11.5.29 "Photo4"实例的遮罩动画

（40）新建图层 10，使用文本工具 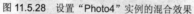 在舞台的左下方输入静态文本"Photo Show"，然后在该图层的第 1 帧上单击鼠标右键，从弹出的快捷菜单中选择 创建补间动画 命令，创建一段补间动画。

（41）使用选择工具在图层 10 的第 10，21，32，43，53 帧上拖曳鼠标上下移动文本的位置，效果如图 11.5.30 所示。

（42）新建图层 11，在时间轴面板中将该图层拖曳至图层 10 的下方，然后导入一幅风景位图，将其移至如图 11.5.31 所示的位置。

图 11.5.30 创建文本补间动画　　　　　　图 11.5.31 导入风景图片

（43）在图层 11 的第 53 帧处插入关键帧，将导入的位图水平左移，然后在第 1 帧至第 53 帧间创建一段运动补间动画，再在图层 10 上单击鼠标右键，创建遮罩动画，如图 11.5.32 所示。

（44）重复步骤（42）和（43）的操作，创建第 2 个文本遮罩动画，如图 11.5.33 所示。

图 11.5.32 创建文本跳跃动画　　　　　　图 11.5.33 创建文本遮罩动画

（45）按"Ctrl+F8"键，创建一个名称为"星星"的图形元件。

（46）选择菜单栏中的 窗口(W) → 颜色(C) 命令，打开颜色面板，设置面板参数，如图 11.5.34 所示。

（47）使用工具箱中的椭圆工具 在编辑区中绘制一个近似线条的椭圆形，然后原位复制绘制的图形，将其旋转 90°，效果如图 11.5.35 所示。

图 11.5.34 颜色面板

图 11.5.35 复制并旋转图形

（48）组合绘制的图形，然后选择菜单栏中的 窗口(W) → 变形(T) 命令，在打开的变形面板右下方单击"重置选区和变形"按钮 复制线条对象，再缩小和旋转图形副本，效果如图 11.5.36 所示。

图 11.5.36 复制并变形图形

（49）创建一个名为"闪烁"的影片剪辑，然后从库面板中将"星星"元件拖曳到编辑区中，再在第 10 帧处插入关键帧，并缩小该帧上的实例。

（50）在第 1 帧至第 10 帧间的任意一帧上单击鼠标右键，创建一段变形动画，如图 11.5.37 所示。

（51）返回主场景，新建图层 14。从库面板中将创建的"闪烁"元件拖曳到舞台中，然后按住"Alt"键拖曳出多个副本，并调整其大小及位置，效果如图 11.5.38 所示。

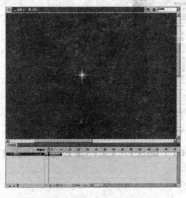

图 11.5.37 创建星光闪烁效果

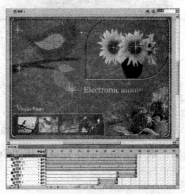

图 11.5.38 复制"闪烁"实例

（52）新建图层 16，选中该图层中的第 1 帧，按"F9"键，在打开的动作面板中输入以下脚本语句：

```
stop();
function star(event:MouseEvent):void
{
this.gotoAndPlay(10);
}
P1.addEventListener(MouseEvent.CLICK, star);
function star1(event:MouseEvent):void
{
this.gotoAndPlay(21);
}
P2.addEventListener(MouseEvent.CLICK, star1);
function star2(event:MouseEvent):void
{
this.gotoAndPlay(32);
}
P3.addEventListener(MouseEvent.CLICK, star2);
function star3(event:MouseEvent):void
{
this.gotoAndPlay(43);
}
P4.addEventListener(MouseEvent.CLICK, star3);
```

（53）在打开的动作面板中输入脚本语句后，此时的面板如图 11.5.39 所示。

（54）在库面板中导入一个适合相册的背景音乐，然后在其元件上单击鼠标右键，弹出"声音属性"对话框，设置其对话框参数，如图 11.5.39 所示。设置好参数后，单击 确定 按钮。

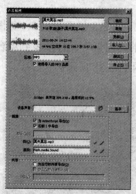

图 11.5.39　添加动作脚本

（55）至此，该电子相册制作完成，按"Ctrl+Enter"键进行预览，最终效果如图 11.5.1 所示。

第 12 章 上机实训

本章通过上机实训培养读者的实际操作能力，使读者达到巩固并检验前面所学知识的目的。

知识要点

- Flash CS5 的工作环境
- 图形的绘制与色彩填充
- 对象的编辑
- 文本的输入与编辑
- 图层与帧的应用
- 元件、实例与库的应用
- 动画的制作
- 图像、声音与视频的导入
- Flash 动画的后期处理

实训 1   Flash CS5 的工作环境

1．实训内容

在制作过程中，主要用到"打开""另存为"以及导入命令等，最终效果如图 12.1.1 所示。

图 12.1.1　最终效果图

2．实训目的

练习启动 Flash CS5 应用程序，并能熟练打开和保存 Flash 文档。

3．操作步骤

（1）选择 开始 → 所有程序(P) → Adobe Flash Professional CS5 命令，启动 Flash CS5 应用程序。

（2）选择菜单栏中的 文件(F) → 打开(O)… 命令，在弹出的"打开"对话框中选择创建好的 Flash 文档。

（3）单击对话框中的 打开(O) 按钮，效果如图 12.1.2 所示。

（4）单击属性面板中 舞台: 右侧的 □ 色块，在打开的颜色面板中选择"#CCFF66"，此时的背景颜色如图 12.1.3 所示。

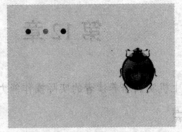

图 12.1.2 打开文档   图 12.1.3 设置舞台背景

（5）按"Ctrl+R"键，导入一幅图片，将其移至已有图形的下方，如图 12.1.4 所示。

（6）选择菜单栏中的 文件(F) ──→ 另存为(A)... 命令，在弹出的"另存为"对话框中将当前文件以新的名称保存到原位置（见图 12.1.5），单击 保存(S) 按钮，关闭该对话框。

图 12.1.4 导入并移动图片位置   图 12.1.5 "另存为"对话框

（7）按"Ctrl+Enter"键测试文档，最终效果如图 12.1.1 所示。

实训 2 图形的绘制与色彩填充

1．实训内容

在制作过程中，主要用到矩形工具、任意变形工具以及颜料桶工具等，最终效果如图 12.2.1 所示。

图 12.2.1 最终效果图

2．实训目的

学习 Flash CS5 中各种绘图工具和填充工具的使用方法与技巧。

3．操作步骤

（1）新建一个图形文件，使用矩形工具 在舞台中绘制一个矩形作为扇骨，如图 12.2.2 所示。

（2）按"Ctrl+T"键在打开的变形面板中设置旋转角度为"－65"，得到的效果如图 12.2.3 所示。

（3）单击工具箱中的"任意变形工具"按钮，将矩形的中心点移动到如图 12.2.4 所示的位置。

图 12.2.2　绘制矩形　　　　图 12.2.3　旋转矩形　　　　图 12.2.4　移动矩形的中心点

（4）单击变形面板右下方的"重制选区和变形"按钮，复制旋转后的矩形，然后在变形面板中设置旋转角度为"15"，得到的效果如图 12.2.5 所示。

（5）单击面板右下方的"重制选区和变形"按钮 9 次，复制旋转后的矩形，并调整各矩形的旋转角度，效果如图 12.2.6 所示。

（6）单击工具箱中的"选择工具"按钮，框选绘制的所有矩形对象。

（7）选择菜单栏中的 修改(M) → 组合(G) 命令，将绘制的所有矩形组合成一个对象，如图 12.2.7 所示。

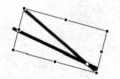

图 12.2.5　复制并旋转矩形效果　　图 12.2.6　9 次复制并旋转矩形效果　　图 12.2.7　组合对象效果

（8）单击工具箱中的"钢笔工具"按钮，在舞台中绘制一个扇形的封闭式路径，如图 12.2.8 所示。

（9）选择菜单栏中的 修改(M) → 形状(P) → 将线条转换为填充(C) 命令，将线条转换为填充区域，效果如图 12.2.9 所示。

图 12.2.8　绘制封闭路径　　　　图 12.2.9　将线条转换为填充

（10）单击工具箱中的"颜料桶工具"按钮，在转换后的填充区域上单击进行位图填充，效果如图 12.2.10 所示。

（11）单击工具箱中的"渐变变形工具"按钮，调整位图填充的尺寸和角度，效果如图 12.2.11 所示。

图 12.2.10　填充对象　　　　图 12.2.11　调整位图填充的尺寸和角度

（12）按"Ctrl+Enter"键测试文档，最终效果如图 12.2.1 所示。

实训 3　对象的编辑

1．实训内容

在制作过程中，主要用到选择工具、套索工具、任意变形工具、组合命令以及分离命令等，最终效果如图 12.3.1 所示。

图 12.3.1　最终效果图

2．实训目的

掌握对象的基本编辑方法与技巧。

3．操作步骤

（1）选择菜单栏中的 文件(F) → 新建(N)... 命令，创建一个 Flash 文件。

（2）按"Ctrl+R"键，导入一幅位图，效果如图 12.3.2 所示。

（3）选择菜单栏中的 窗口(W) → 对齐(G) 命令，打开对齐面板，如图 12.3.3 所示。

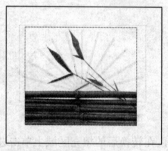

图 12.3.2　导入图像

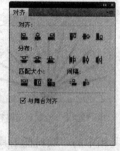

图 12.3.3　对齐面板

（4）单击对齐面板中的"水平中齐"按钮 和"垂直中齐"按钮 ，将位图居中于舞台中心，然后单击"匹配宽和高"按钮 ，将位图对齐于舞台。

（5）单击工具箱中的"套索工具"按钮 ，选中附加选项区中的"魔术棒"按钮 ，选取图片中的白色区域，并将其删除，已露出竹子的空隙，如图 12.3.4 所示。

（6）使用选择工具选中舞台中编辑的对象，然后选择菜单栏中的 修改(M) → 合并对象(O) → 联合 命令，将对象进行合并。

（7）重复步骤（2）的操作，再导入一幅如图 12.3.5 所示的小鸟图片。

（8）选择菜单栏中的 修改(M) → 排列(A) → 移至底层(B) 命令，将选中的小鸟图片移至竹子图形的底层，再使用工具箱中的任意变形工具 调整图片的大小，效果如图 12.3.6 所示。

图 12.3.4　抠出竹子的缝隙

图 12.3.5　导入小鸟图片

图 12.3.6　排列图形效果

（9）按"Ctrl+Enter"键预览效果，最终效果如图 12.3.1 所示。

实训 4　文本的输入与编辑

1．实训内容

在制作过程中，主要用到文本工具、创建新元件命令以及脚本语句等，最终效果如图 12.4.1 所示。

图 12.4.1　最终效果图

2．实训目的

掌握文本工具的使用方法与技巧。

3．操作步骤

（1）创建一个 Flash 文件，然后按"Ctrl＋J"键，在弹出的"文档属性"对话框中设置文档的大小为"400×150"像素、舞台背景色为"黑色"。

（2）按"Ctrl＋F8"键，弹出"创建新元件"对话框，设置其对话框参数，如图 12.4.2 所示。

（3）单击工具箱中的"文本工具"按钮 T，设置其属性面板参数，如图 12.4.3 所示。

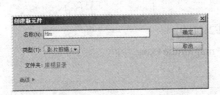
图 12.4.2　"创建新元件"对话框

图 12.4.3　"文本工具"属性面板

（4）设置好参数后，使用文本工具在舞台中创建两个动态文本，效果如图 12.4.4 所示。

图 12.4.4 创建动态文本

（5）选中舞台中的文本，在其属性面板中设置变量为"textl"。

（6）按"Ctrl+E"键，返回主场景。

（7）从库面板中将创建的"film|"影片剪辑元件拖曳至舞台中，并在其属性面板中设置实例名称为"film|"。

（8）选中图层 1 中的第 1 帧，按"F9"键，在打开的动作面板中输入以下脚本语句：

```
xos = 300;
yos = 100;
sineof = 0;
magnitude = 250;
rspeed = 0.00036;
sb =0.7;
myText = "Flash CS5 动画设计操作教程";
myLength = myText.length;
i = 1;
for (i; i<=myLength; i++) {
 duplicateMovieClip("film", "char"+i, i);
 _root["char"+i]._x = xos;
 _root["char"+i]._y = yos;
 _root["char"+i].text1 = myText.charAt(i-1);
}
```

（9）在第 2 帧处插入空白关键帧，然后在打开的动作面板中输入以下脚本语句：

```
i=1;
i = 1;
xm = _root._xmouse;
nxm = ((xos-xm)-4*(xos-xm))/6*rspeed;
for (i; i<=myLength; i++) {
    nxn = Math.cos(sineof+sb*i)*100;
 xsubval = Math.abs(Math.cos((sineof+sb*i)/2)*100);
 _root["char"+i]._x = Math.sin(sineof+sb*i)*magnitude+xos;
 _root["char"+i]._alpha = xsubval;
 _root["char"+i]._xscale = nxn;
```

```
_root["char"+i]._yscale = xsubval+15;
}
```
sineof += nxm;

（10）在第 3 帧处插入空白关键帧，然后在打开的动作面板中输入以下脚本语句：

gotoAndPlay(_currentframe-1);

（11）按"Ctrl+Enter"键预览效果，最终效果如图 12.4.1 所示。

实训 5　图层与帧的应用

1．实训内容

在制作过程中，主要用到钢笔工具、任意变形工具、插入帧、复制帧以及遮罩层命令等，最终效果如图 12.5.1 所示。

图 12.5.1　最终效果图

2．实训目的

掌握时间轴、帧和图层的应用技巧。

3．操作步骤

（1）启动 Flash CS5 应用程序，创建一个 Flash 文件。

（2）按"Ctrl+R"键，导入一幅如图 12.5.2 所示的图片。

（3）选中第 15 帧，按"F5"键插入帧。

（4）新建"图层 2"，单击工具箱中的"钢笔工具"按钮，在舞台中绘制一个填充色为"红色"的心形，效果如图 12.5.3 所示。

图 12.5.2　导入图片

图 12.5.3　绘制心形

（5）按住"Alt"键，在舞台中拖曳出多个心形副本，然后使用任意变形工具对副本图形进行旋转，效果如图 12.5.4 所示。

（6）在图层 2 的第 10 帧处按 "F6" 键插入关键帧，并对其进行水平翻转。

（7）在图层面板的图层 2 上单击鼠标右键，从弹出的快捷菜单中选择 遮罩层 命令，为图层 1 添加遮罩效果，如图 12.5.5 所示。

图 12.5.4 复制并变形图形

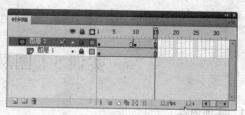
图 12.5.5 创建遮罩效果

（8）按 "Ctrl+Enter" 键，测试动画效果，最终效果如图 12.5.1 所示。

实训 6 元件、实例与库的应用

1．实训内容

在制作过程中，主要用到导入到库命令、创建新元件命令、插入帧命令以及库面板等，最终效果如图 12.6.1 所示。

图 12.6.1 最终效果图

2．实训目的

掌握图片导入并转换为元件的方法，并能熟练对元件进行各种编辑操作。

3．操作步骤

（1）启动 Flash CS5 应用程序，新建一个 Flash 文档。

（2）选择菜单栏中的 文件(F) → 导入(I) → 导入到库(L)... 命令，在弹出的 "导入到库" 对话框中选中 4 幅图片，将其导入到库面板中，如图 12.6.2 所示。

（3）按 "Ctrl+F8" 键，弹出 "创建新元件" 对话框，设置其对话框参数，如图 12.6.3 所示。设置好参数后，单击 确定 按钮进入该元件的编辑窗口。

（4）将导入的第 1 幅图片拖入到舞台上，在第 5 帧处按 "F5" 键插入帧，然后在第 6 帧处按 "F6" 键插入关键帧，将导入的第 2 幅图片拖动到第 1 幅图片的相同位置。

图 12.6.2 导入 4 幅图片

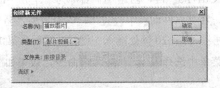

图 12.6.3 "创建新元件"对话框

（5）分别在第 10 帧和第 15 帧处插入帧，然后在第 11 帧和第 16 帧处插入关键帧，再重复步骤（4）的操作，将其他两幅图片分别拖入到第 11 帧和第 16 帧处，此时的时间轴面板如图 12.6.4 所示。

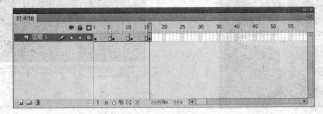

图 12.6.4 时间轴面板

（6）单击"返回场景"按钮 🔙，返回至场景 1，然后从库面板中将"播放图片"影片剪辑拖曳到舞台中。

（7）按"Ctrl+Enter"键预览动画效果，最终效果如图 12.6.1 所示。

实训 7　动画的制作

1. 实训内容

在制作过程中，主要用到椭圆工具、喷涂刷工具、时间轴面板以及插入关键帧命令等，最终效果如图 12.7.1 所示。

图 12.7.1 最终效果图

2. 实训目的

掌握基础动画的制作方法与技巧。

3. 操作步骤

（1）启动 Flash CS5 应用程序，新建一个 Flash 文档。

（2）按"Ctrl+F8"键，创建一个名称为"星星"的图形元件。

（3）使用工具箱中的"椭圆工具"按钮 在舞台中绘制一个星星图形，效果如图 12.7.2 所示。

（4）按"Ctrl+F8"键，创建一个名称为"星光"的影片剪辑，然后将库面板中的"星星"元件拖曳到舞台中，在其属性面板中设置 选项：参数为"循环"。

（5）在图层 1 的第 20 帧处插入关键帧，然后在第 1 帧至第 20 帧间的任意一帧上单击鼠标右键，从弹出的快捷菜单中选择 创建补间动画 命令，效果如图 12.7.3 所示。

图 12.7.2　绘制的星星

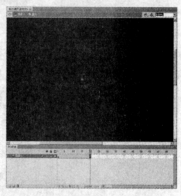

图 12.7.3　创建补间动画效果

（6）选中第 10 帧上的"星星"实例，在其属性面板中将宽和高均设置为"20"，然后在第 21 帧处插入空白关键帧，此时的时间轴面板如图 12.7.4 所示。

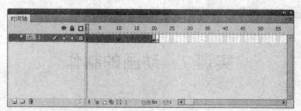

图 12.7.4　时间轴面板

（7）单击 按钮，返回场景 1，单击工具箱中的"喷涂刷工具"按钮 ，在其属性面板中单击 编辑… 按钮，在弹出的"选择元件"对话框中选中 星光 元件。

（8）在"喷涂刷工具"属性面板中设置其他属性后，在舞台中进行喷涂。

（9）按"Ctrl+Enter"键进行预览，最终效果如图 12.7.1 所示。

实训 8　图像、声音与视频的导入

1. 实训内容

在制作过程中，主要用到打开文档命令、导入到库命令以及库面板等，最终效果如图 12.8.1 所示。

2. 实训目的

掌握 Flash CS5 中图像、声音与视频的导入方法与编辑技巧。

图 12.8.1　最终效果图

3．操作步骤

（1）启动 Flash CS5 应用程序，按"Ctrl+O"键，打开一个 Flash 动画作品，如图 12.8.2 所示。

（2）选择菜单栏中的 文件(F) → 导入(I) → 导入到库(L)… 命令，弹出"导入到库"对话框，在该对话框中选择一个音频文件，如图 12.8.3 所示。

图 12.8.2　打开 Flash 动画作品　　　　　　图 12.8.3　"导入到库"对话框

（3）单击 打开(0) 按钮，导入到 Flash 中的音频文件将被放置在库面板中，如图 12.8.4 所示。

（4）单击时间轴面板下方的"新建图层"按钮，新建图层 2。

（5）在库面板中选中导入的音频文件，将其拖曳到舞台中，即可为动画添加背景声音，效果如图 12.8.5 所示。

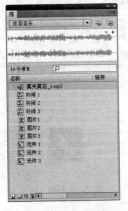 

图 12.8.4　库面板　　　　　　　　　图 12.8.5　为动画添加声音效果

（6）按"Ctrl+Enter"键测试动画效果，最终效果如图 12.8.1 所示。

实训 9　Flash 动画的后期处理

1．实训内容

在制作过程中，主要用到创建播放器命令和另存为对话框，最终效果如图 12.9.1 所示。

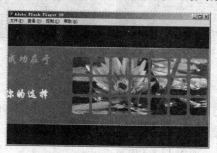

图 12.9.1　最终效果图

2．实训目的

掌握将动画发布为可执行文件的方法与技巧。

3．操作步骤

（1）打开一个后缀名为.swf 的文件，如图 12.9.2 所示。

（2）选择菜单栏中的 文件(F) → 创建播放器(R)... 命令，弹出"另存为"对话框，如图 12.9.3 所示。

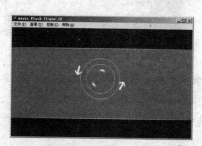

图 12.9.2　打开后缀名为.swf 的文件

图 12.9.3　"另存为"对话框

（3）设置其对话框参数，如图 12.9.4 所示，设置好参数后，单击 保存(S) 按钮，即可生成可执行文件，如图 12.9.5 所示。

图 12.9.4　设置文件名称和保存位置

简历片头动画.exe

图 12.9.5　生成的可执行文件

（4）双击可打开可执行文件，最终效果如图 12.9.1 所示。